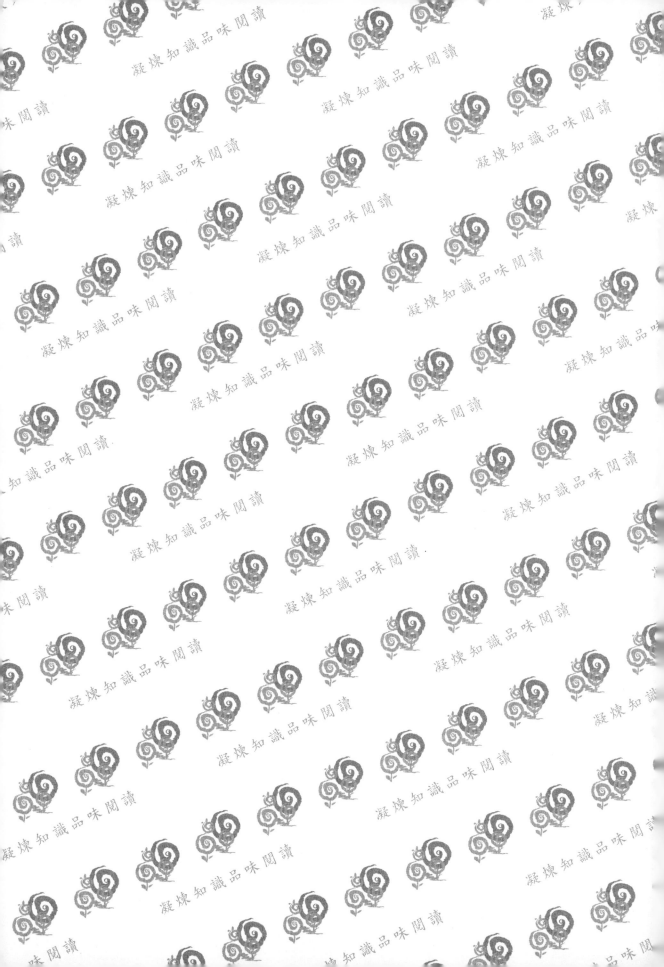

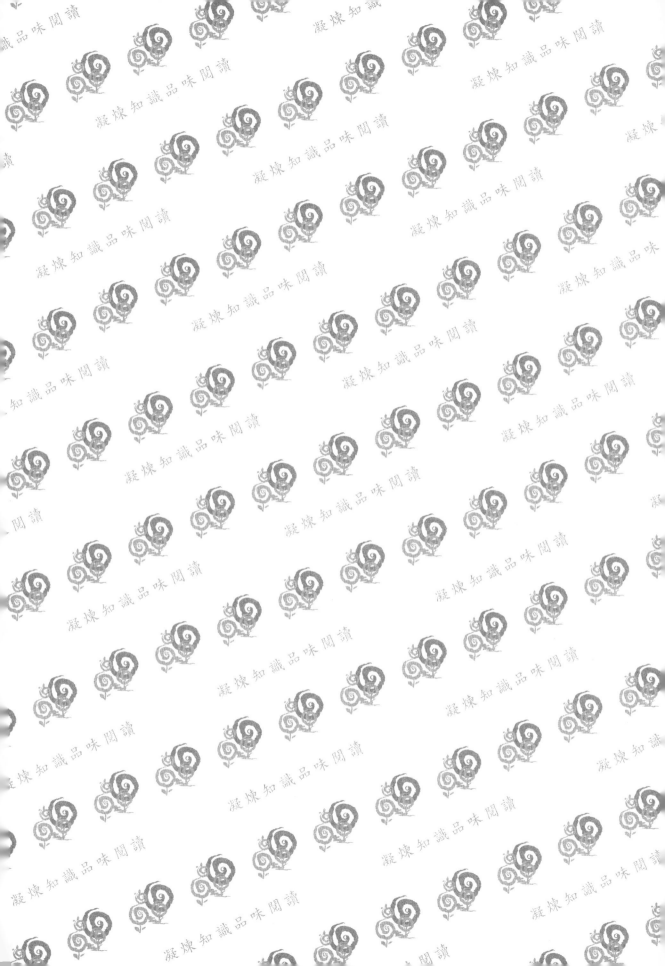

Vacuum Technology
真空技術精華

蘇青森 著

五南圖書出版公司 印行

序 言

　　早在 1978 年作者曾著有「真空技術」一書，當時國內真空技術中文書籍甚少，故從事真空的人士多讀過該書且予以好評，時隔多年至今仍有讀者閱讀及利用該書內容。惟因真空技術隨高科技的發展已有不少的變化，且近年來從事真空技術有關的高科技人口日眾，但程度參差不齊，故覺有必要另寫一書。雖然現在國內已有多種書籍文獻可供讀者選擇參考閱讀。惟因真空技術應用範圍甚廣，而要想獲得真空技術的資訊者對太過專業化的書籍有時反而難瞭解或不易找到要參考的內容，而對於要想入門真空技術者則覺內容太深不能接受或缺少基本的理論。一般簡單介紹性的真空書籍則對已有經驗者並無助益，對於初學者似又缺少較深入的資訊。因此以作者從事真空技術教學三十餘年的經驗，並綜合曾經講授過真空技術課程的各長短期科技訓練班學員的反應，希望有一本能由淺入深，從完全未接觸過真空到已從事與真空有關工作具有經驗者均能受益的書，故編寫此書。

　　希望能提供未入門者簡單明瞭的途徑，亦能提供熟悉真空科技者有系統複習的參考資料。

蘇青森

目　錄

圖 目 錄

Chapter 1
真空的基本觀念

1.1 從歷史發展認識真空

1.1.1 我國古代應用真空的例證

　　我國歷史上記載三國時期的孔明燈，亦稱天燈即為我國古代利用真空的原理使燈升到天空的例證。在我國古代留傳下來的針灸醫術，灸即俗稱的拔火罐，其吸著於皮膚上的原理即為真空。

1.1.2 真空的發現及真空科技的里程碑

1. 托里切利首先發現真空

　　義大利人托里切利（Torriceli）利用玻璃試管盛滿水銀倒置於水銀槽中，管中的水銀自然下降至 76 厘米高度，而在管的頂端留下一空間，如圖 1.1 所示。此試管的空間他認為係空無一物的真空。

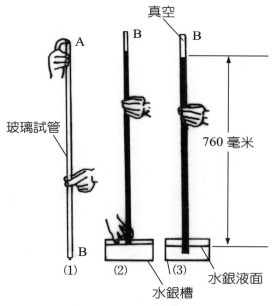

圖 1.1　真空的發現

2.真空科技的發展

(1)馬德堡半球實驗

德國馬德堡市長證明真空的力量，將兩個半球密合其中抽真空，兩邊各用四匹馬並未能將其拉開。當時所用抽真空的人力裝置如圖1.2所示。

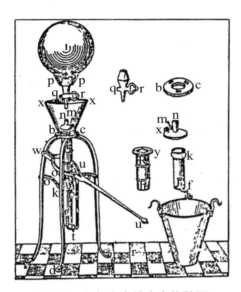

圖 1.2　早年人力抽真空的裝置

(2)重要真空科技發展的里程碑

茲將早期（僅列至 1953 年）對真空技術有重大影響的關鍵發明依時間順序發展的里程碑摘錄於下：

1643 托里切利由水銀柱實驗發現真空

1654 甘利克（Guerick）發明活塞幫浦（piston pump），及馬德堡半球實驗證明真空的力量

1879 愛迪生（Edison）發明白熾燈（incandescent lamp），以及克魯克司（Crookes）發現陰極射線（cathode ray），後來證明即為電子

1893 杜華（Dewar）發明真空絕熱瓶

1895 侖琴（Roentgen）發現 X 光

1902 佛來明（Fleming）發明真空二極管（vacuum diode）

1905 蓋得（Gaede）發明迴轉真空幫浦（rotary vacuum pump）

1909 柯里基（Coolidge）發明鎢絲燈（tungsten filament lamp）

1913 蓋得（Gaede）發明分子真空幫浦（molecular vacuum pump）

1915 柯里基（Coolidge）發明 X 光管（X-ray tube），及擴散幫浦
（diffusion pump）

1916 巴克萊（Buckley）發明熱陰極離子真空計（hot cathode
ionization gauge）

1935 蓋得（Gaede）發明氣體混抽真空幫浦（gas-ballast pump）

1936 希克曼（Hickman）發明油擴散幫浦（oil diffusion pump）

1937 彭甯（Penning）發明冷陰極離子真空計（cold cathode ionization
gauge）

1950 拜亞爾得（Bayard）與奧勃爾特（Alpert）發明超高真空計
（ultra-high vacuum gauge）

1953 西瓦茲（Schwartz）與赫爾布（Herb）發明離子幫浦（ion
pump）[1]

1.2 絕對真空與真空的定義

1.2.1 何謂真空？

所謂真空（vacuum）其字面的含意為不存在任何物質的空間。在古代，人眼睛可觀察的東西即為物質或由物質組成的物體，但自從發現氣體後，所謂物質則包含眼睛看不到的氣體。因此真空中若不存在任何物質，即代表連氣體亦不存在。此種不存在任何物質的真空觀念即以下所稱的絕對真空（absolute vacuum），並

---

[1] 二次世界大戰期間真空技術著重在軍事用途，各國均將真空技術列為機密，故此階段的真空技術資訊很少。戰後真空技術被應用至太空探測並發展至民生用途，而不再列為機密，故易取得。

非我們現在所要討論的真空。

1. 絕對真空

氣體壓力等於零的空間就是絕對真空。絕對真空中不存在任何包括氣體在內的物質，故絕對真空為一個氣體壓力等於零的空間。

人類至今尚未在宇宙間找到絕對真空的地方，科學家也未能創造出一個壓力等於零的空間，所以完全空無一物的絕對真空在地球上不可能存在。我們現在所要討論的真空係根據以下的定義的真空。

2. 空間內的氣體壓力

空間（empty space）內既然沒有可看見的物質存在，剩下的當然即為氣態（gaseous）物質。因此討論真空即為討論空間內的氣體壓力。

1. 2. 2 真空的定義

如上所述真空並非完全空無一物的空間，其中既然仍有氣態物質存在，但有別於大氣壓力的環境，因此其定義應包含所有小於大氣壓力的空間。現在公認的真空定義如下：

1. 真空定義

真空的定義非常簡單，即一個空間，其中的氣體壓力小於一大氣壓力者為真空。亦可表示為：壓力＜大氣壓力。真空定義的概念圖如圖 1.3 所示。

2. 真空中的分子密度

真空容器內氣體分子密度小於一大氣壓力的分子密度，或 $n < 2.5 \times 10^{19}$ 分子／厘米^3。

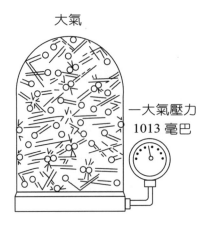

大氣

大氣壓力
1013 毫巴

真空

小於 1013 毫巴

圖 1.3 真空定義的概念圖

1.3 真空壓力與真空度

真空中氣體的壓力簡稱為真空壓力，或直接稱為壓力，但亦有用氣壓表示真空壓力者。

1.3.1 真空壓力

真空壓力為氣體對真空系統的內壁每單位面積上所施的力，其單位為：力／單位面積。

1.3.2 壓力的單位

1. 國際壓力單位

國際真空壓力單位即為一般壓力所用的國際壓力單位帕斯卡（pascal）簡稱為帕（Pa），其定義為：

1 帕＝1 牛頓／平方米

$$1\text{Pa} = 1\text{N/m}^2$$

2. 舊真空壓力單位

舊用真空壓力單位 [2] 為托爾（Torr）其定義為：

1 托爾＝1/760 大氣壓力

或可約略認為：1 托爾＝1 毫米水銀柱

3. 實用真空壓力單位

除美國外，現行真空壓力單位多採用毫巴（millibar 簡稱 mbar）即千分之巴（bar）。其與其他壓力單位的關係為：

1 巴＝10^5帕

1 毫巴＝10^{-3}巴（bar）

1 毫巴＝3/4 托爾＝100 帕

1 大氣壓力＝1013 毫巴

---

[2] 另一單位 $\mu = 10^{-3}$托爾，或千分托爾，現除在美國真空產品上仍常用外其他地方已不被用

1.3.3 真空壓力換算表

	毫巴	帕	托爾	大氣壓	公斤／平方厘米
毫巴	1	100	0.75	9.87×10^{-4}	1.02×10^{-3}
帕	1×10^{-2}	1	7.5×10^{-3}	9.87×10^{-6}	1.02×10^{-5}
托爾	1.33	133	1	1.32×10^{-3}	1.35×10^{-3}
大氣壓	1013	101325	760	1	1.034

1.3.4 真空度

真空度代表真空系統中壓力的程度，此名詞係我國工業界自創，相當於英文 vacuum。根據過去的習慣我們常用低真空或高真空來敘述系統中壓力高低的程度。然而所謂的低真空卻代表真空系統中氣體的壓力高者，而高真空則代表真空系統中氣體的壓力低者。此種用語不合人類的思維邏輯，但因係已廣用的習慣語，且高真空之外尚有超高真空等，故不易更改。目前形容真空度的高真空等名詞仍被繼續延用，惟低真空則漸以粗略真空（rough vacuum 或 coarse vacuum）名詞取代。用真空度的名詞要特別注意以下的提示：

低真空（low vacuum）：高壓力；高真空（high vacuum）：低壓力。

1.4 自然界的真空

地球表面並無自然的真空，但如果到一高山頂上，該處的氣壓即低於一大氣壓，依照真空的定義即為真空。故地球表面以上即為自然界的真空。

1.4.1 地球表面到外太空

地球表面海平面為一大氣壓力，由地球表面向上氣體的壓力逐漸減低形成真空，離地球表面愈遠，壓力愈低如圖 1.4 所示，至外太空則為超高真空。

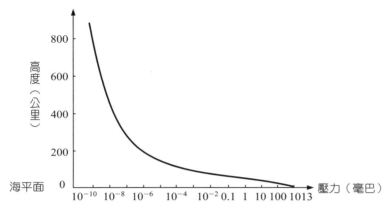

圖 1.4　氣壓隨高度變化曲線

1.4.2 大氣壓力

1. 標準大氣與標準大氣壓力

標準大氣壓力（standard atmospheric pressure）為溫度在 20℃，海平面高度，乾燥空氣所施的壓力，其值為 1013 毫巴。標準大氣不包含水蒸氣其成分如下所述：

2. 標準大氣成分

主要成分：N_2——792 毫巴，O_2——212 毫巴

次要成分及稀少氣體：

Ar　9.47 毫巴

CO_2　0.31 毫巴

Ne　1.9×10^{-2}毫巴

He　5.3×10^{-3}毫巴

CH_4　2×10^{-3}毫巴

Kr　1.1×10^{-4}毫巴

N_2O　5×10^{-4}毫巴

H_2　5×10^{-4}毫巴

以上各成分的總和為 1013 毫巴，即一標準大氣壓。若考慮水蒸氣的存在，則可加入已知相對濕度（relative humidity）的水蒸氣壓。例如在相對濕

度為 50%，溫度為 20℃時，水的蒸氣壓為 11.7 毫巴，加入此水蒸氣壓則總壓力等於 1025 毫巴。

1.5 真空技術的基本量

真空技術的基本量包括壓力，抽氣速率（pumping speed），氣流通量（throughput），氣導（conductance）與阻抗（resistance），抽真空時間（pump-down time），放氣率（outgassing rate），漏氣率（leak rate），及單層附著時間（monolayer time）。其中壓力已介紹過，以下將就其他各量分別介紹：

1.5.1 抽氣速率

真空系統習慣上多抽氣速率來表示在系統中某一斷面或真空幫浦單位時間抽氣的量。

1. 抽氣速率的定義

(1)幫浦的抽氣速率

為在真空幫浦的進氣口每單位時間抽入幫浦中氣體的體積。

(2)真空系統的抽氣速率

為在真空系統中某一斷面每單位時間通過氣體的體積。

根據此定義可知抽氣速率實際上並非真正的量，因為單位時間通過氣體的體積中究竟有多少氣體分子並不得而知。相同的體積若氣體壓力不同其所包含的氣體分子可能相差甚多，故若不知當時的壓力，則無法確定其氣體分子數，亦即不能確定其數量。

2. 抽氣速率的單位及換算

抽氣速率的單位為：體積／時間，常用的抽氣速率的單位換算如下：

1 公升／秒＝1000 立方厘米／秒＝3.6 立方米／小時

1 立方米／小時＝16.67 公升／分＝0.278 公升／秒

1 立方英呎／分＝28.32 公升／分＝0.47 公升／秒

3. 真空幫浦的抽氣速率

真空幫浦的抽氣速率一般多為變數，故實際上應為：

$$S_0 = dV/dt$$

真空幫浦的抽氣速率多隨壓力變化，視幫浦的構造原理不同抽氣速率對壓力的變化呈現不同的曲線。亦有些幫浦在其最適合的操作壓力範圍抽氣速率為變化較少的直線。一般真空幫浦標定規格的抽氣速常為平均抽氣速率即：

$$S = V/t$$

1.5.2 氣流通量

如上述抽氣速率並非真正的量，而實際用來計算真空系統所用的量應為氣流通量，其定義如下：

1. 氣流通量的定義

單位時間內流過真空系統中某一斷面的氣體分子數稱為氣流通量。氣流通量的公式為：

$$Q = p\,(dV/dt) = pS$$

式中 Q 為氣流通量，p 為壓力，V 為體積，S 為抽氣速率，t 為時間。

氣流通量的單位為：毫巴·公升／秒，毫巴·公升／分，托爾·公升／秒，托爾·公升／分，及國際單位帕·米^3／秒（Pa·m^3/s）等。

在一穩定（steady）的真空系統中，假定並無漏氣或器壁釋放氣體，則氣流通量為一常數。即在真空系統中 A 點的氣流通量 Q_A 與 B 點的氣流通量 Q_B 相等，此種性質又稱為氣流通量的連續性（continuity）。由此可得真空系

統中各點的壓力與抽氣速率的關係如下：

$$Q_A = Q_B$$

或 $p_A S_A = p_B S_B$

式中 p 與 S 分別代表在 A 與 B 點的壓力與抽氣速率。

1.5.3 氣導與阻抗

1. 真空管路的氣導

在真空系統的管路中，通過該管路某一段 1 與 2 之間的氣流通量與該管路兩端壓力之比為該管路段的的氣導[3]。

(1)氣導的公式為

$$C = Q / (p_1 - p_2)$$

式中 C 為氣導，Q 為氣流通量，p_1 與 p_2 為管路兩端的壓力。

(2)氣導的單位為

公升／秒，公升／分，立方厘米／秒等，此單位亦為體積／時間與抽氣速率的單位相同。

2. 真空管路的氣流阻抗

在真空系統的管路中，氣流通過該管路某一段 1 與 2 之間的阻礙的程度以阻抗來表示。阻抗為氣導的倒數，即

$$R = 1/C$$

式中 C 即氣導，R 為阻抗，其單位為：秒／公升，分／公升，或秒／立方厘米等。

---

[3] 氣導的測定及有關的理論計算公式見第四章與第五章

1.5.4 抽真空時間

真空系統的抽真空時間（pumpdown time）為決定操作真空系統的主要參數。通常為評估一真空系統從起動至實際運作所需要的時間。一般文獻多選擇用較長的抽粗略真空的時間作為抽真空時間，本書將稍作修正使其定義更適合實際應用。

1. 抽真空時間的定義

真空系統從初壓力 p_0 抽真空到終壓力 p_f 所經過的時間被定義為抽真空時間。

(1)真空系統氣流通量的平衡方程式

$$PS = Q_0 - V(dP/dt)$$

式中 P 為隨時間變化的壓力，S 為抽氣速率，V 為真空系統的體積，（dP/dt）為幫浦抽氣而產生系統中的壓力隨時間的變率，Q_0 為系統中的漏氣及放氣所產生的氣流通量。

(2)抽真空時間公式

假定 S 為常數，當 t＝0 時，P＝P_0（最初壓力），t＝t_f時，P＝P_f（預定到達的壓力）。解上式可得：

$$t_f = (V/S) \ln [(P_0 - Q_0/S) / (P_f - Q_0/S)]$$

當真空系統的漏氣率與放氣率均甚小時，即 PS≫Q_0，則可簡化為：

$$t_f = (V/S) \ln (p_0 / p_f)$$

(3)習用的抽真空時間公式

如前述一般文獻多選擇用較長的抽粗略真空的時間作為抽真空時間，即選擇：P_0＝1013 毫巴，P_f＝1 毫巴。由上式可得

$$t_f = 6.92 (V/S)$$

式中若體積為公升，抽氣速率為公升／分，則抽真空時間的單位為分。

(4)實例

假定有一高真空系統其體積為 500 公升。用一迴轉幫浦抽粗略到中度真空，選擇抽氣速率為 S_r＝250 公升／分。假定從大氣壓力 P_0＝1013 毫巴開始，抽至中度真空 P_f＝5×10^{-3} 毫巴。則抽真空時間 t_1 為：

$$t_1 = (500/250) \ln [1013/(5 \times 10^{-3})] = 24.44 \text{ 分}$$

再用一抽氣速率為 S_h＝150 公升／秒的高真空幫浦抽中度到高真空。假定從 P_0＝5×10^{-3} 毫巴開始至高真空，P_f＝1×10^{-5} 毫巴，則抽真空時間 t_2 為：

$$t_2 = (500/150) \ln [(5 \times 10^{-3}) / (1 \times 10^{-5})] = 31 \text{ 秒}$$

此實例說明抽粗略到中度真空所需的時間較長。

1.5.5 漏氣率

漏氣率為單位時間內由真空系統外部漏入系統中氣體的量，其單位與氣流通量者相同。即毫巴·公升／秒，托爾·公升／秒，及帕·米^3／秒等。

但因真空系統外部的氣壓多為一大氣壓，故漏氣率又常用大氣壓力·立方厘米／秒（atm·cc/s）為單位。$1\text{Pa} \cdot \text{m}^3/\text{s} = 9.87$ (atm·cc/s)

舊漏氣率單位路色克（lusec）為並未普遍應用的單位，但因有些重要的漏氣率資料係用此單位彙編者，故在此作簡單介紹。路色克米係由漏氣率 μ.liter/s 變化而來，μ 為美國過去習用的壓力單位，而 $1\mu = 10^{-3}$ 托爾（Torr），故路色克實際即為千分托爾·公升／秒。1 lusec $= 1.32 \times 10^{-3}$ (atm·cc/s)。

1.5.6 放氣率

放氣率為單位時間內由真空系統內部的表面上釋放出氣體的量,其單位與氣流通量者相同,即毫巴‧公升／秒,托爾‧公升／秒等。

1.5.7 單分子層附著時間

在潔淨固體表面上附著一分子厚度的氣體分子所需的時間,稱為單分子層附著時間(mono-molecular layer time),簡稱單層附著時間。單分子層附著時間的估算公式係由理論導出如下:

$$單層附著時間 \ t_{mono} = \Phi_m / (\Phi.f)$$

式中Φ為氣體撞擊率(impingement rate),其定義為單位時間內氣體分子撞擊單位面積上的分子數。Φ_m為固體表面單位面積上可供氣體分子附著的自由空間,f為黏著機率表示氣體分子撞擊固體表面後黏著於其上的機率。

Φ_m可以下式估算:

$\Phi_m = 1/ (2r)^2$

其中 r 為氣體分子半徑。

假定氣體為空氣及 f = 1,則代入空氣的平均氣體分子半徑可得[4]

$$t_{mono} = 3.2 \times 10^{-6}/p \quad 秒$$

p 為壓力單位為毫巴。

由上式可知,在壓力接近大氣壓力時(如 p = 1000 毫巴),$t_{mono} = 3.2 \times 10^{-9}$秒,故瞬間即附著一分子層氣體。但若在壓力極低時(如 p = 10^{-9}毫巴),則t_{mono} = 3.2×10^3 = 3200 秒,即附著一分子層氣體的時間接近一小時。

---

[4] 氮氣的分子半徑為3.75×10^{-8}厘米,氧氣的分子半徑為3.61×10^{-8}厘米

1.6 真空系統的特徵

真空系統與一般常見的系統不同之處為任何真空系統均可能具備下列五種特徵：

1.6.1 真空包含的壓力範圍很廣

任何真空系統打開時即為一大氣壓力，約為 10^3 毫巴。若此系統最後要抽到超高真空，例如 10^{-9} 毫巴範圍，則其涉及壓力的範圍高達 12 個方次。即使此系統僅要抽到約 10^{-3} 毫巴，其涉及壓力的範圍仍達 6 個方次。真空系統非旦要被抽真空使其壓力連續下降至預定範圍，而且抽真空的過程中，壓力亦需要隨時監測。顯然真空系統所涉及量的範圍與一般系統如長度，重量，體積，電流，或電壓等量的範圍相比較相差很大，因此，操作真空系統的困難度也大。

1.6.2 高度潔淨

高度潔淨的工作要在真空中進行，而真空系統本身亦要求高度潔淨。真空系統所要求的潔淨，不僅不能有固體或液體的污染，而且氣體附著在表面上在有些製程上亦被視為污染。故所謂高度潔淨包括無氣體的污染。

1.6.3 節省能源

真空為最佳的熱絕緣體及電絕緣體，故可來減少或隔斷能量的傳遞。真空中壓力很低，所以物質很容易蒸發，利用真空蒸發或純化物質可減低或不用加熱過程，或者有些真空製程常為直接作用過程，此些製程可不用化學程序，故真空製程可以節省能源。

1.6.4 經常承受一大氣壓力

真空系統內部的壓力均小於一大氣壓力。在一般的應用，真空系統內部的壓力與外面大氣壓力相比均甚小。故真空系統任何時刻內外均有約一大氣壓力的壓力差。

1.6.5 材料在真空中的性質與在大氣中不同

材料在真空中會蒸發，分解，甚至聚合，尤其有外加的因素如有帶能量的電子或離子，或光子的存在時常會使材料變質。此類情形通常在大氣中並未或不易發生，故材料在真空中的性質與在大氣中不同。

1.7 真空應用

由上述真空系統的特徵可見，無論在科學研究，工業生產，或與民生有關的產業上，利用真空技術可創造或增進功效，及可達成其他種技術無法完成的任務。歸納常用的技術原理及應用範圍可敘述如下：

1.7.1 應用真空的基本原理

以下將應用真空的基本原理分為四大項，各項包含的真空範圍視實際應用的情況而定。例如前述的真空系統為高度清潔的系統，故清潔製程可以利用真空。但實用時則視該製程的要求而選擇所用的技術，例如在純金屬製造為利用減少活性氣體的技術，但作表面分析時則利用增長單層氣體附著時間的技術。

1. 利用壓力差

利用壓力差為最早人類利用真空的技術，包含起重，輸送，固定，傳遞，成型，及改變狀態等。近年來在大量生產自動化控制及機械人（robot）輸送傳遞等應用尤為重要。

2. 減少活性氣體

一般利用真空減少的活性氣多為氧氣，但在不同的製程活性氣體亦可能不同。例如氮氣在很多地方被視為純性，甚至有些製程利用抽真空後充氮氣如食物保存等，但如在金屬冶煉則氮氣被認為活性，因其在高溫時與金屬會形成氮化物。減少活性氣體的技術應用很廣，在民生工業上應用尤多，包括有減低氧化，防腐，防菌，純化，及保鮮等。

3. 減少氣體碰撞

科學研究及工業製程等若有自由電子，離子，或原子束，分子束等的過

程均需要利用真空減少氣體碰撞。各型的粒子加速器（particle accelerator），電子顯微鏡，質譜儀，電子能譜儀等均要求高真空即係減少氣體對此些自由飛行粒子的碰撞。

4.增長單層氣體附著時間

如前述在潔淨固體表面上附著一分子厚度的氣體分子所需的單分子層附著時間對於表面科學，高科技產品的製程均甚重要。利用超高真空可增長單層氣體附著時間達分鐘甚至小時，故可清晰研究固體真正的表面，及在製程中可消除氣體雜質保持高度潔淨。

1.7.2 真空技術應用的範圍

真空技術的應用甚廣，從科學研究，工業生產，到民生有關的產業，而包含的真空範圍也從粗略真空到超高真空。以下就應用實例及真空範圍作簡單的介紹，至於每項應用的細節內容限於篇幅無法敘述，讀者可參考該項目相關的書刊資訊。

1.真空技術的應用實例

(1)科技研究

表 1.1　真空技術的應用㈠

應用項目	真空壓力範圍（毫巴）
質譜儀	$10^{-4} \sim 10^{-8}$
分子束	$10^{-4} \sim 10^{-8}$
離子源	$10 \sim 10^{-6}$
粒子加速器	$10^{-6} \sim 10^{-9}$
電子顯微鏡	$10^{-4} \sim 10^{-7}$
電子繞射儀	$10^{-4} \sim 10^{-11}$
真空光譜儀	$10^{-4} \sim 10^{-6}$
低溫實驗	$10^{-1} \sim 10^{-12}$
薄膜製程	$10^{-3} \sim 10^{-9}$
表面物理	$10^{-6} \sim 10^{-12}$
電漿研究	$10^{-2} \sim 10^{-4}$
核融合	$10^{-3} \sim 10^{-10}$
太空模擬	$10^{-4} \sim 10^{-12}$
材料研究	$10 \sim 10^{-12}$
樣品製備	$100 \sim 10^{-7}$

(2)工業應用

表 1.2 真空技術的應用㈡

應用項目	真空壓力範圍（毫巴）
金屬退火	$10^{-3} \sim 10^{-4}$
金屬熔融	$10^{-2} \sim 10^{-5}$
熔融金屬除氣	$1 \sim 10^{-3}$
鋼鐵除氣	$10 \sim 10^{-1}$
電子束熔化	$5 \times 10^{-1} \sim 10^{-10}$
電子束焊接	$1000 \sim 10^{-5}$
真空蒸鍍	$10^{-4} \sim 10^{-9}$
金屬濺鍍	$10^{-6} \sim 10^{-9}$
長晶體	$10^{-3} \sim 10^{-6}$
物質昇華	$1 \sim 10^{-4}$
塑料乾燥	$10 \sim 10^{-2}$
分子蒸餾	$10^{-3} \sim 10^{-6}$
樹脂成型	$500 \sim 10^{-2}$
冷凍乾燥	$5 \times 10^{-1} \sim 10^{-3}$
灌注	$1 \sim 10^{-3}$
白熾燈生產	$10 \sim 10^{-4}$
電子管生產	$10^{-4} \sim 10^{-7}$
放電管生產	$100 \sim 10^{-6}$

2.不同真空度的應用

應用真空的基本原理不同其適用的真空範圍亦不同，例如利用壓力差約在粗略真空至中度真空範圍，減少活性氣體與減少氣體碰撞則在中度真空至高真空範圍，而增長單層氣體附著時間則在超高真空範圍。但如上述諸實例其真空度亦不一定限於某一真空範圍，故應視其應用的內容而定。

3.真空技術與工業的關係

以真空技術為中心將其應用在不同的工業上舉例繪成一關係圖如圖 1.5 所示。

表 1.3　不同真空度適用的項目

粗略真空（1013 毫巴－1 毫巴） 輸送、真空吸著、材料除氣、真空乾燥、真空包裝、減壓蒸餾、脫水、濃縮、蓋封、塑料射注成型等應用。
中度真空（1 毫巴－10^{-3}毫巴） 分子蒸餾、冷凍乾燥、絕緣材料灌注、材料熔鑄、燒結、化學藥品、電弧爐、電燈泡及日光燈等製程或設備。
高真空（10^{-3}毫巴－10^{-7}毫巴） 蒸餾、拉晶體、鍍膜、真空冶金及半導體元件等製程設備。電子束、離子束及分子束等設備。電子管、X 光管、測漏儀、電子顯微鏡、質譜儀、粒子加速器等儀器。
超高真空（壓力小於 10^{-7}毫巴） 表面料學、電子繞射、磨擦、及附著等研究。表面分析儀器、加速器貯存環、磊晶、鍍膜、太空模擬、及核融合等儀器或設備。

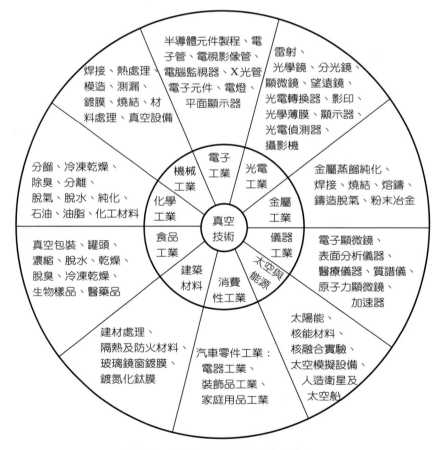

圖 1.5　真空技術與工業的關係圖

Chapter 2
真空中的氣體與氣流

2.1 氣體與真空壓力

研究真空實即為研究真空系統內氣體運動的情形，而最能代表氣體運動的情形的量則為真空中氣體的壓力，即所謂真空壓力。

2.1.1 氣體分子運動與氣壓

真空中氣體分子施於器壁或任何固體表面單位面積上的力即為真空壓力，簡稱為氣壓或壓力。

氣體分子的力來自氣體分子運動的動能，而氣體分子的動能來自溫度並與氣體分子的質量有關。在一定體積的容器內，相同數量的氣體分子溫度愈高則氣壓愈高。

2.1.2 永久氣體

永久氣體（permanent gas）為在常溫不會凝結成液體或固體的氣體。通常所稱的常溫一般即指室溫，但在此處所指的常溫著者認為其範圍為人類自然環境中最低至最高的溫度。常見的永久氣體包含如氮，氧，氬，氖，氦，氫等元素（element）氣體。

以地球上現在的溫度變化來看，即使最冷的地方，永久氣體仍然為氣態（gaseous state）。但是所謂的永久氣體若將其溫度降低至人為的超低溫，例如液態氦溫度 4.8K，則除氦氣為液態外，所有的氣體均會變成固體。若以此觀點來看，此些氣體被稱為永久氣體並不恰當。

2.1.3 氣態物質

我們常稱的氣體其含意實即氣態物質（gaseous matter），包含永久氣體，化合物氣體，以及蒸氣（vapour）。

2.1.4 蒸氣與蒸氣壓

任何物質包括固體與液體均有可能變成蒸氣，蒸氣產生的多少隨物質的溫度

上升而增加。蒸氣壓（vapour pressure）為物質的性質，係決定物質變成蒸氣的主要參數。

1. 蒸氣壓

物質變成氣態施於周圍空間的壓力稱為蒸氣壓。物質的蒸氣壓僅與物質的種類及其溫度有關。

2. 飽和蒸氣壓

飽和蒸氣壓（saturated vapour pressure）：物質變成氣態與凝回液或固態的量成平衡時的蒸氣壓稱為飽和蒸氣壓。

(1)水的蒸氣壓

水在不同溫度下的飽和蒸氣壓如下：

T℃	P（托爾）	P（毫巴）
100	760	1013
50	93	124
25	24	32
0	4.8	6.4（冰點）
−40	0.1	0.133
−78.5	5×10^{-4}	6.667×10^{-4}（乾冰）
−196	1×10^{-24}	1.33×10^{-24}（液態氮）

(2)液體的蒸氣壓

常用的液體在 20℃ 的飽和蒸氣壓

液體	蒸氣壓（毫巴）
苯（benzene）	99.5
乙醇（ethyl alcohol）	58.5
甲醇（methyl alcohol）	128
丙酮（acetone）	246.4
松節油（turpentine）	5.87
純水（pure water）	23.3
四氯化碳（CCl_4）	121.3

2.1.5 固體材料的蒸發率

固體材料因為蒸發而逐漸減少，此種隨時間減少的量稱為蒸發率（Evaporation rate）。蒸發率與蒸氣壓有關，隨物質不同而異。

1. 固體元素在真空中的蒸發率

固體元素由其表面單位面積單位時間蒸發的量可由下式估算

$$W = 5.8 \times 10^{-2} \times P \times \eta \times \sqrt{M/T}$$

式中 W 代表蒸發率，單位為克/（平方厘米·秒），P 代表壓力，單位為托爾，M 為莫耳質量（molar mass），單位為克/莫耳（g/mol）。M 與克分子質量（mass of molecule）m 的關係為：$m = M/N_0$。式中 m 的單位為克，N_0 為亞佛加厥數（Avogardro's number）為一莫耳氣體的分子數。$N_0 = 6.022 \times 10^{23}$ 莫耳$^{-1}$。實用時，一般即以原子或分子的質量數（mass number）來簡略為 M，例如鈉（Na）的質量數為 23，則以 M=23，或氮氣（N_2）的質量數為 28，則以 M=28 來計算。

η 為不凝結因子（non-condensation factor），其值在 0 與 1 之間。金屬的 η 約等於 1，但有些元素如碳則可能小於 1，T 為絕對溫度，單位為 K。

2. 無機材料的蒸發率

固體無機材料由其表面單位面積單位時間蒸發的量可由下式估算

$$W = P \times \sqrt{M} / (17.14 \times T)$$

上式的符號與單位同於固體元素的公式。

3. 材料的線蒸發率

通常固體係從表面蒸發，故亦可以單位時間從表面蒸發掉的厚度來表示固體蒸發的速率而稱為線蒸發率（linear evaporation rate），常用的單位為厘米/年。線蒸發率隨溫度上升而增加，因物質的不同而異。

(1)在 10^{-9} 毫巴的真空中，要達到固體材料的線蒸發率為 10^{-5} 厘米/年，不同
　種金屬及半導體所需的溫度如下

元素	溫度
Cd	38℃
Zn	71℃
Mg	127℃
Li	149℃
Ag	477℃
Al	549℃
Cu	627℃
Au	660℃
Fe	711℃
Ni	804℃
Ti	921℃
Mo	1382℃
W	1871℃
Ge	660℃
Si	788℃

(2)若固體材料的線蒸發率提高至 10^{-3} 厘米/年，則需要的溫度為

元素	溫度
Cd	77℃
Zn	127℃
Mg	177℃
Li	210℃
Ag	588℃
Al	682℃
Cu	760℃
Au	804℃
Fe	899℃
Ni	938℃
Ti	1071℃
Mo	1627℃
W	2149℃
Ge	804℃
Si	921℃

2.2 部分壓力與總壓力

一般所稱容器內的氣體壓力係指總壓力，即並未特別指明是否單一種氣体分子或者有多種氣體分子混合的氣體的壓力。實際上除特殊情況外，真空室系統內的氣體多係混合氣體。

2.2.1 部分壓力

混合氣體在容器中各成分的氣體或蒸氣其單獨對該容器所施的壓力即為部分壓力（partial pressure），亦有簡稱為分壓。

2.2.2 總壓力

混合氣體在容器中各成分的氣體或蒸氣總合對該容器所施的壓力即為總壓力（total pressure）。總壓力與部分壓力的關係為：

總壓力＝各部分壓力的總和

2.3 真空中的氣流形態

一個真空系統打開時其中為一大氣壓力，將其關閉後開始用真空幫浦抽真空。此時真空系統中的壓力從一大氣壓力開始下降，在最初的階段真空系統中的氣體被幫浦抽出時有如一般的流體呈氣流（gas flow）狀態。若壓力愈來愈低時，則此種氣流的狀態漸漸轉變成氣體分子運動狀態，此時氣流形態實質上已非「流」的形態。討論氣流形態時，最常用來解釋氣流形態的參數為下述的氣體分子的平均自由動徑（mean free path）。

2.3.1 氣體分子的平均自由動徑

氣體分子在運動時各個分子在碰撞其他分子前所行走的距離的平均值稱為氣

體分子的平均自由動徑。簡單估算氣體分子的平均自由動徑的公式如下 *1*：

$$\lambda = [\, 6.45 \times 10^{-3} \,]\, /\, p \quad 厘米$$

式中壓力 p 的單位為毫巴，平均自由動徑λ的單位為厘米。此式係假定真空系統的溫度為 20℃，而其中的氣體為空氣。

2.3.2 黏滯性氣流

　　真空系統打開時其中的壓力即為一大氣壓力。除非特別的操作方式，抽真空必經過從大氣壓力開始逐漸壓力下降的抽氣階段。此最初的階段的氣流形態稱為黏滯性氣流（viscous flow）。

1. 黏滯性氣流的特徵

　　黏滯性氣流亦簡稱為黏滯流，其特徵為：

(1)氣體分子之間有互相碰撞的作用

(2)每一氣體分子的運動受其周圍氣體分子的限制

(3)氣體分子之間有摩擦力（即黏滯性）

(4)氣流的方向與氣體分子運動的方向一致，故此氣流為連續流

2. 黏滯性氣流的條件

　　不同的氣流形態的條件，可用氣體分子的平均自由動徑的大小來界定。

　　黏滯性氣流的條件為：

(1)氣體的平均自由動徑 ≪ 儀器的主要尺寸 *2*，或

$$\lambda \ll d$$

---

1 此式的導出見第五章

2 儀器的主要尺寸係指真空系統中對儀器性能影響最大的尺寸，例如管路的主要尺寸為管的直徑

(2)一般多用下式來判斷

$$d / \lambda > 100$$

實際計算時，代入空氣在 20℃ 時的平均自由動徑公式，此條件可用壓力乘主要尺寸為判斷，即：

$$pd > 0.6 \text{ 毫巴} \cdot \text{厘米}$$

2.3.3 過渡氣流

真空系統維持連續被抽氣，氣體的壓力下降至氣流形態改變成一部分氣流已轉變成下述的分子氣流而剩下的部分仍維持在黏滯性氣流。此氣流範圍稱之為過渡氣流（transition flow），簡稱為過渡流。此氣流的情況頗為複雜，除非真空系統必須在此壓力範圍操作而且需要精確控制其壓力變化外，因為真空系統中的壓力很快經過此範圍而進入下一範圍，故通常多不考慮其特徵。

1. 過渡氣流的條件

(1)此氣流的條件為

氣體的平均自由動徑與儀器的主要尺寸相當，或

$$d \cong \lambda$$

(2)判斷的條件為

$$2 < d / \lambda \leq 100$$

在 20℃ 的空氣，此條件可化為

1.3 × 10^{-2}＜pd ≤ 0.6 毫巴・厘米

2.3.4 分子氣流

　　當真空系統中氣體的壓力降低至一定程度時，氣體分子完全呈自由任意運動（random motion）的形態，此時已進入分子氣流（molecular flow）簡稱為分子流的範圍。

1. 分子氣流的條件

(1)分子氣流的條件為

　　　氣體的平均自由動徑≫儀器的主要尺寸；或λ≫d

(2)一般多用下式來判斷

　　　2＞d / λ

　　在 20℃的空氣，此條件可用壓力乘主要尺寸為判斷如下：

　　　pd ≤ 1.3 × 10^{-2}毫巴・厘米

2. 分子氣流的特徵

(1)氣體分子完全自由向各方向任意運動

(2)氣體分子之間無互相作用

(3)氣體分子相遇時為彈性碰撞，碰撞作用遵循動能守恆與動量守恆定律

(4)氣體分子與容器器壁碰撞的機會較互相之間碰撞的機會為大

(5)氣體分子漫步到真空幫浦而被抽入其中為抽氣的機制

　　一旦真空系統中的氣流形態進入分子流範圍，因為此時氣體分子已經為個別自由運動，事實上已非氣流，故不論壓力降至多低，真空系統中的氣流形態均為分子流。

2.4 真空區分

氣體的壓力變化氣流的形態也隨之改變，一般應用真空時常將真空度分為幾個不同的範圍（range）。比較合理的區分為按氣流的形態來區分，但是實用時則以壓力來區分比較方便。茲將較常用的區分為四個範圍者敘述如下[3]：

2.4.1 粗略真空

粗略真空（Rough Vacuum，簡稱 RV）

壓力範圍：1000～1 毫巴；　氣流形態：黏滯流

2.4.2 中度真空

中度真空（Medium Vacuum，簡稱 MV）

壓力範圍：1～10^{-3}毫巴；氣流形態：過渡流

2.4.3 高真空

高真空（High Vacuum，簡稱 HV）

壓力範圍：10^{-3}～10^{-7}毫巴；氣流形態：分子流

2.4.4 超高真空

超高真空（Ultra High Vacuum，簡稱 UHV）

壓力範圍：10^{-7}毫巴以下；氣流形態：分子流

2.5 真空有關的氣體理論

真空中的氣體在壓力進入分子流範圍後其性質與理想氣體相同，故氣體的理論可與物理學所敘述者相同。本節僅討論常用的重要理論，至於在黏滯流及過渡

---

[3]　亦有區分為七個範圍者，即粗略真空，中度真空，中度高真空，高真空，很高真空（very high vacuum），超高真空，與極超高真空（extreme ultrahigh vacuum）

流範圍的氣體分子有關的理論較為複雜且並不常用，故僅在需要應用時直接引述其公式的計算而不作詳細推導或討論，此部分將在真空計算有關章節中介紹。

2.5.1 理想氣體定理

早期科學家在研究氣體的壓力，體積，與溫度間的關係，為簡化理論的推導而假設一種理想但事實上不存在的氣體稱為理想氣體（ideal gas）。

1. 理想氣體及理想氣體定理

理想氣體的假定以及理想氣體的壓力，體積，與溫度間的關係簡述如下：

(1)氣體符合理想氣體假定的條件

　　(A)氣體分子運動為向各方向任意運動

　　(B)氣體分子之間無互相作用的力

　　(C)氣體分子相遇時為彈性碰撞，碰撞作用遵循動能守恆與動量守恆定律

　　(D)氣體分子的總體積較容器的容積小到可以忽略

　　(E)氣體分子運動遵循分子動力學理論

(2)理想氣體定理（ideal gas law）

$$p = nkT$$

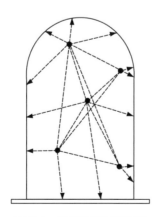

圖 2.1　理想氣體想像圖

p 為壓力，n 為氣體分子密度，T 為絕對溫度（克爾文，K），k 為波滋曼常數＝1.381×10^{-23}焦耳／克爾文（J/K）。

壓力如用毫巴為單位，應用此式可求分子密度如下：

$$n = 7.25 \times 10^{18} p / T \quad \text{分子／立方厘米}$$

在 20℃ 的情形：

$$n = 2.5 \times 10^{16} p \quad \text{分子／立方厘米}$$

p 的單位為毫巴。

若真空系統的體積為 V，而其中的總氣體分子數為 N，則 n＝N/V，故

$$pV = NkT$$

由上可知 pV 可代表總氣體分子數，故有些應用常以 pV 為氣體分子數的單位。

若此 N 個氣體分子的莫耳數（number of mole）為 N_M，則總氣體分子數為：

$$N = N_0 \times N_M$$

其中 N_0 為亞佛加厥常數。

故 $pV = N_0 N_M kT$。

代入關係 $R = N_0 k$ 可得：

$$pV = N_M R T$$

R 為氣體常數（universal gas constant）＝8.32 焦耳／莫耳．克爾文（J/mol·K），此式即為普通物理書上的理想氣體定理公式。

2.5.2 波義耳定理

波義耳定理（Boyle's law）為在一定溫度下氣體的壓力與體積間的關係。簡言之，當溫度固定時氣體的壓力與體積的乘積為一常數。

1. 波義耳定理公式

$$p_0 V_0 = p_f V_f$$

p_0，V_0與 p_f，V_f 分別代表最初與最終的壓力與體積。

p V＝常數。

波義耳定理在真空技術上的應用頗多，例如可以不必分別用幾個真空幫浦抽氣而控制或調節真空系統中若干區域壓力的變化。

2. 波義耳定理的限制

波義耳定理除假定溫度為常數外，此定理並不適用於蒸氣。因蒸氣加壓後有凝結成液體或固體的現象，故蒸氣的體積在壓力未達到飽和蒸氣壓前係遵循波義耳定理，但在壓力已達到飽和蒸氣壓時蒸氣的體積突然大為減小較上式計算的結果相差甚遠。在實用時應注意系統中有無蒸氣存在，技術上應考慮先消除蒸氣後再利用波義耳定理。

2.5.3 氣體動力學

氣體分子運動形態在不同的壓力範圍並不盡相同，但在真空系統中若氣流形態已進入分子流則氣體分子的運動為任意運動，以氣體動力學來討論頗為適合。氣體分子動力學（gas molecular kinetic theory）簡稱為氣體動力學（gas kinetics）為一門學問內容頗廣，本節僅敘述在真空技術上遭遇的有關理論結果。

1. 氣體動力學的主要內容

氣體動力學的主要內容有：

(1)氣體動力學討論氣體分子運動的機制，包括氣體分子的動能或速度與溫度及壓力的關係等。

(2)氣體分子運動的速率分布係遵循 Maxwell-Boltzmann 的分布定理。

(3)氣體分子的速率的公式的推導。

2. 氣體分子的速率公式

(1)最可能速率（most probable speed）

$$v_0 = (2kT/m)^{\frac{1}{2}}$$

式中 v_0 為最可能速率，m 為氣體分子質量，T 為絕對溫度，k 為勃朗克常數（Planck's constant）。

(2)平均速率（average speed）

$$v_{av} = 2v_0 / \sqrt{\pi}$$

式中 v_{av} 為平均速率，v_0 即上述的最可能速率。

(3)均方根速率（root-mean-square speed）

$$v_{rms} = (3/2)^{\frac{1}{2}} v_0$$

式中 v_{rms} 為均方根速率（root-mean-square speed）。

2.5.4 氣體擴散定理

真空技術上所遭遇的氣體擴散包括氣體對氣體的擴散及氣體對固體的擴散。以下將介紹主要內容及氣體擴散公式

1. 氣體擴散定理的主要內容

氣體擴散定理（gas diffusion law）包括氣體對氣體的擴散及氣體對固體的擴散。為簡便起見僅討論一維（如 X 方向）的擴散。

氣體擴散定理的的主要內容為氣體分子運動傾向於由高濃度的區域流向低濃度的區域。兩種不同的氣體放在同一容器內，氣體會互相擴散最後達到在容器內任何位置氣體的相對濃度均相同。

2. 氣體擴散公式

氣體擴散入固體通常均以菲克定理（Fick's law）來敘述。

⑴在穩定狀態下，氣體的濃度沿 X 方向的變化公式如下

$$Q = -D_1 \, (\, dc \, /dx \,)$$

式中 Q 為氣體擴散率（rate of diffusion），c 為氣體分子濃度，x 為氣體擴散的路徑，D_1為擴散係數（diffusion coefficient）與氣體及固體的性質及溫度有關，其單位為 cm^2/s。

⑵在未達到穩定狀態時，氣體的濃度隨時間變化，氣體擴散的公式則為

$$D_1 \, (\, d^2c \, /dx^2 \,) = (\, dc \, / \, dt \,)$$
$$D_1 = D_0 e^{[-H/(jR_0T)]}$$

D_0為與該氣體及固體的性質有關的常數。H 為吸收能（absorption energy），R_0為氣體常數（gas constant），T 為絕對溫度，j 為分解常數（dissociation constant），氣體擴散入非金屬時 j=1，雙原子氣體分子氣體擴散入金屬時 j=2。

Chapter *3*
產生真空的方法

產生真空的方法即習稱的抽真空，簡言之抽真空就是利用真空幫浦抽氣。雖然今日的科技已經非常進步，但是至今抽真空仍然不能僅用一個幫浦從大氣壓力抽到超高真空。因此本章介紹抽真空的方法將依真空的範圍分段討論在此範圍內所用的真空幫浦及其抽真空的有關技術。

3.1 真空幫浦

　　真空幫浦（vacuum pump）雖然是抽氣的裝置，但不稱為抽氣機或者抽氣泵。因為其構造及抽真空的原理與一般的抽流體的泵如抽水泵，抽油泵或抽風機等可能完全不同，故在真空科技及工業界採用真空幫浦的音譯名詞。從以下敘述幫浦的定義及分類即可瞭解其不同之處。

3.1.1 真空幫浦的定義
　　真空幫浦為一種裝置可將真空系統中的氣體抽出，使返回真空系統中的氣體數量較抽出真空系統的氣體數量為少[1]。此裝置不論為何種形狀構造或何種抽氣原理，均稱為真空幫浦。

3.1.2 真空幫浦的分類
　　真空幫浦的抽氣原理及構造種類繁多，真空幫浦的分類的方法也有多種。本書將採用根據真空幫浦處理所抽的氣體的方法來分類為排氣式與貯氣式兩大類。

1. 排氣式幫浦
　　排氣式幫浦（gas transfer type）主要將氣體抽入幫浦中再排出幫浦。氣體可直接排至大氣中或排至另一幫浦。其抽氣操作方式如下：

低壓力側⇒壓縮⇒高壓力側⇒大氣或另一級幫浦

排氣式幫浦又可分為：

---

[1] 真空幫浦將氣體從真空系統抽出，但同時亦有氣體分子回到真空系統故有此定義

(1)正位移式幫浦（positive displacement type）

此類幫浦多係利用機械或流體力量直接壓縮氣體者，包括往復式幫浦（reciprocating pump）與迴轉式幫浦（rotary pump）。

(A)往復式幫浦

此類幫浦多係利用機械或流體作線性往復運動以壓縮氣體者。如活塞幫浦（piston pump），薄膜幫浦（diaphragm pump）等。

(B)迴轉式幫浦

此類幫浦多係利用馬達旋轉帶動轉子（rotor）上的機件壓縮氣體者。如迴轉滑翼幫浦（rotary sliding vane pump），迴轉活塞幫浦（rotary piston pump），迴轉塞柱幫浦（rotary plunger pump），乾式幫浦（dry pump）等。

(2)動能式幫浦（kinetic energy type）

此類幫浦多係使氣體分子獲得動能而向高壓處流動產生壓縮者。包括機械動能傳遞式與流體（蒸氣）動能傳遞式。

(A)機械動能傳遞式

利用高速運動的機械撞擊氣體分子使其獲得動能。如路持幫浦（Roots pump），分子曳引式幫浦（molecular drag pump），渦輪分子幫浦（turbo-molecularpump）等。

(B)流體（蒸氣）動能傳遞式

利用高壓流體或蒸氣噴流撞擊或曳引氣體分子使其獲得動能而向高壓處流動產生壓縮作用。如水噴流幫浦（water jet pump 或 aspirator），蒸氣噴流幫浦（vapour ejector pump），擴散幫浦（diffusion pump）[2] 等。

2.貯氣式幫浦

貯氣式幫浦（gas entrapment type 或 gas entrainment type）其主要作用為不排出所抽的氣體，而係將所抽的氣體貯藏在幫浦內。根據將氣體貯藏的原

---

[2] 請參考擴散幫浦原理

理有以下三類：

(1)吸附式幫浦（surface adsorption type pump）

　　　　利用置於幫浦內的固體吸附劑將氣體吸附在幫浦內以達抽真空的目的。

　　　　理論上表面吸附分為物理吸附（physical adsorption 或 physisorption）與化學吸附（chemical adsorption 或 chemisorption）兩種，前者僅為物理作用，即氣體與吸附物質並不化合而僅係附著在固體表面上。後者則氣體與吸附物質化合成另一種固態物質。

(A)吸附幫浦（sorption pump）

　　　　通常所指的吸附幫浦則指僅係利用物理吸附原理的幫浦，而不包括下節所述利用化學吸附的貯氣式幫浦。

(B)結拖幫浦（getter pump）

　　　　所謂結拖幫實即利用化學吸附原理，但吸附物質可產生化學吸附者並不一定可具備幫浦抽真空的的條件，故真空技術上將此種可用於真空幫浦的化學吸附劑稱為結拖（getter）（名詞），而此種抽氣作用亦稱為結拖（動詞）。如固體結拖幫浦（solid getter pump），閃燃結拖幫浦（flash getter pump），鈦昇華幫浦（Ti sublimation pump）等。

(2)冷凍幫浦（cryogenic pump 簡稱 cryo pump）

　　　　利用極低的溫度使氣體凝成固體以達抽真空的目的。

　　　　冷凍幫浦有液池式冷凍幫浦（liquid pool cryopump），連續流式冷凍幫浦（continuous flow cryopump），及冷凍機冷卻式冷凍幫浦（refrigerator-cooled cryopump）。但因價格昂貴及維持費用太高，故前兩種均未能普及僅冷凍機冷卻式冷凍幫浦為目前廣被應用的冷凍幫浦。

(3)離子幫浦（ion pump）

　　　　僅靠將氣體分子離子化（ionizing）而利用電場吸引離子的方法並不能達到幫浦作用，必須將被吸引至電場陰極的離子捕捉始能成為真空幫浦。

　　　　現在所稱的離子幫浦係利用離子化作用與結拖作用結合而達抽真空的

功效者。如撞濺離子幫浦（sputter ion pump），結拖離子幫浦（getter ion pump）。

3.1.3 真空幫浦的一般性能

真空幫浦的種類很多，構造及操作原理亦各不相同，但不論為何種真空幫浦均有以下的共同性能：

1. 最終壓力

若真空幫浦僅抽其本身的氣體，在真空幫浦的出口處測定壓力，則幫浦的壓力下降至一極限值後即不會再下降，此壓力稱為最終壓力（ultimate pressure），亦有譯作終極壓力。

2. 操作壓力範圍

若真空幫浦連接在真空系統而系統除抽氣外並不進行任何工作，則整個系統的壓力亦只能由此真空幫浦維持一最終壓力，此壓力較幫浦的最終壓力為高。但若真空系統實際操作，如進行加熱，電子或離子撞擊，鍍膜等工作，則系統中壓力會升高。通常選擇真空幫浦時應考慮要能維持此真空系統操作的壓力範圍（operational pressure range）。

3. 抽氣速率

抽氣速率一般多用為真空幫浦的規格，係代表在其額定的壓力範圍內幫浦單位時間可抽氣體的體積。

4. 氣體的選擇性（selectivity）

很多真空幫浦並非對任何氣體抽氣均有效，有些幫浦對某些氣體有效，而對某些氣體抽氣的效率很差甚至完全不能抽氣。此種氣體的選擇性與幫浦的操作原理有關。

3.2 粗略真空到中度真空抽氣用的幫浦

因為真空系統打開時，其中壓力即為大氣壓力，故不論何種真空系統必定經過從大氣壓力開始抽真空的階段[3]。本節討論從大氣壓力開始抽粗略真空到中度

真空範圍。

3.2.1 早期及簡單的真空幫浦

最早期的真空幫浦多屬粗略真空到中度真空抽氣用的幫浦。例如早年證明真空的存在及真空的力量所用的真空幫浦，其抽真空多係靠人力的操作。

1. 早期的活塞幫浦

(1)水銀活塞幫浦（mercury piston pump）

如圖 3.1 所示，抽真空係利用水銀在管中移動而有活塞的作用將氣體壓縮。其操作係由人手來進行。

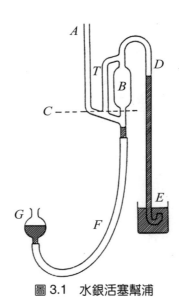

圖 3.1　水銀活塞幫浦

(2)人力唧筒式幫浦

如圖 3.2 所示，此種真空幫浦與抽水的幫浦相似，係以人力操作，故亦稱為唧筒式幫浦。

2. 水噴流幫浦

水噴流幫浦（water jet pump 或 aspirator）為簡單不需動力的真空幫浦。通常

3　真空系統除最初按裝及維修時必須打開放進大氣外，有些設計有可更換工件並維持真空的裝置

此種幫浦多用水管連接於自來水龍頭，利用自來水的壓力使水從幫浦的噴嘴中高速噴出。在高速噴流的附近形成局部的低壓區。氣體分子被吸至水噴流中，而被黏滯曳引流出幫浦排入大氣中。水噴流幫浦常用玻璃製成，如圖 3.3 所示。

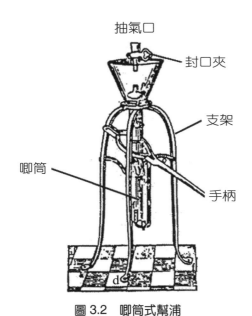

抽氣口

封口夾

支架

唧筒

手柄

圖 3.2　唧筒式幫浦

進水

A

C

排氣及水

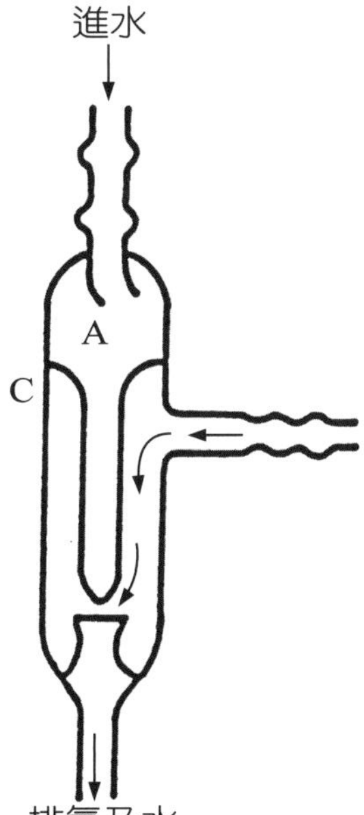

圖 3.3　水噴流幫浦

(1)抽氣速率的極限

　　抽氣速率受自來水壓力及噴嘴（nozzle）設計的限制，一般常用者其抽氣速率約可達 0.01 至 0.1 公升／秒。

(2)幫浦的最終壓力

　　因為水噴流幫浦主要用水作幫浦液來抽真空，故水蒸氣會存在真空系統中。水的蒸氣壓在室溫 20℃ 為 23 毫巴，故水噴流幫浦的最終壓力受限制在此水蒸氣壓左右。

(3)水噴流幫浦的應用

　　水噴流幫浦雖然很簡單，而且抽氣速率不高，但在一些僅需減壓至低於一大氣壓力的地方，或所抽氣體中含有腐蝕性氣體，或微生物細菌等應用，可用此幫浦將此些腐蝕性氣體，或微生物細菌等抽出隨水排出，故應用頗為方便。

3.蒸氣噴流幫浦

　　蒸氣噴流幫浦（vapour ejector pump 或 vapour stream pump）係利用高壓蒸氣，如水蒸氣或油蒸氣，由一噴嘴中噴出。在高速噴流的附近形成局部的低壓區，氣體分子被吸至噴流中而被蒸氣分子黏滯曳引（viscous drag）帶向高壓側。蒸氣噴流幫浦的示意圖如圖 3.4。

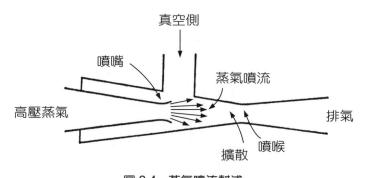

圖 3.4　蒸氣噴流幫浦

(1)蒸氣噴流抽氣的機制

　　由圖 3.4 所示，蒸氣噴流抽氣的機制如下述：

高壓蒸氣→噴嘴→超音速噴射→吸氣→擴散→壓力上升→排氣到大氣或另一幫浦中→冷凝。

(2)抽氣速率的極限

　　蒸氣噴流幫浦需要加高溫將水或高分子量幫浦液變成高壓蒸氣而獲得動能，故其抽氣速率受溫度及蒸氣分子量的限制。

(3)蒸氣噴流幫浦的最終壓力

　　因為蒸氣噴流幫浦內有幫浦液，幫浦液的蒸氣會流回到真空系統中，故蒸氣噴流幫浦的最終壓力受幫浦液蒸氣壓的限制。

(4)蒸氣噴流幫浦的應用

　　蒸氣噴流幫浦亦為構造簡單的幫浦，一般在抽有水分存在或產生水氣的系統如食品脫水，真空乾燥等製程常應用水蒸氣噴流幫浦來抽真空。又此種幫浦因無馬達等機械運動，故亦可應用在不能有振動問題的系統。但因產生高壓蒸氣所需功率很大故現多被其他種幫浦所取代。

3.2.2 迴轉幫浦

　　迴轉幫浦（Rotary pump）主要有一帶動轉子（rotor）迴轉的電動馬達，轉子在一不動的靜子（stator）中轉動，以機械方式推動氣體分子流向高壓側而被壓縮，故屬於正位移式幫浦。歸納各種型式的迴轉幫浦，其操作機制如下：

馬達→轉子→滑翼（sliding vane），活塞（piston），柱塞（plunger）或滑動閥（sliding valve）→壓縮氣體→排至大氣。

(1)潤滑與氣密

　　幫浦的轉動機件與靜止機件間的機械精密度高，故轉子與靜子間需要潤滑劑，通常用油為潤滑劑。油的功用除作潤滑劑外，並作為推動氣體的機件與靜子間的氣密襯墊（seal）。

(2)迴轉幫浦的抽氣速率

　　迴轉幫浦的抽氣速率與壓力有關，僅在最佳操作壓力範圍內隨壓力變化較小，即抽氣速率接近常數。一般而言均有壓力降低抽氣速率亦降低的趨勢，至壓力接近幫浦的最終壓力時，抽氣速率迅速降低趨近於零[4]。

1. 滑翼油墊迴轉幫浦

滑翼油墊迴轉幫浦（sliding-vane oil-sealed rotary pump）簡稱滑翼迴轉幫浦或滑翼幫浦。此幫浦推動氣體的機件即為在轉子上的滑翼（sliding-vane）。

(1)一級滑翼迴轉幫浦

(A)滑翼油墊迴轉幫浦的構造及抽氣原理

滑翼油墊迴轉幫浦主要有一轉子及靜子，其轉子為圓柱體，而靜子為汽缸狀中空圓柱體。轉子設於靜子內其轉軸與靜子軸平行但不同心。轉子軸偏離靜子軸使轉子周面的一側面與靜子的內壁面緊密配合但不接觸，此部分稱為頂墊（top-seal）。頂墊為轉子與靜子最接近的部分，其機械間隙約為 2 至 3 微米（μm）。在轉子上設有彈簧頂撐的滑翼使其與靜子內壁接觸並在其上滑動。滑翼在轉子上有 180℃ 相對安排的兩個滑翼或 120℃ 間隔安排的三個滑翼兩種。一級滑翼油墊迴轉幫浦的構造如圖 3.5 所示。靜子與轉子組合成的幫浦本體係置於幫浦外殼內。幫浦外殼內有幫浦油（pump oil），幫浦本體浸入油中，幫浦油可從靜子上的小孔經逆止閥（check valve）進入靜子與轉子構成的氣體壓縮室（Compression chamber）而在靜子內壁上形成油膜作為滑翼與靜子壁間的潤滑及氣密襯墊用。此種構造為最簡單的滑翼油墊迴轉幫浦，因其僅有一氣體壓縮室故稱為一級滑翼幫浦。

幫浦抽氣的原理如圖 3.6 所示，轉子上的滑翼受彈簧壓力而接觸在靜子內壁上滑動，在滑翼前方的氣體被滑翼推動而壓縮。當氣體被壓縮達高於一大氣壓力時，即將靜子頂部的吊耳閥（flap valve）推開直接排入大氣中。

理論上滑翼迴轉幫浦其壓縮比（Compression ratio）可達 1×10^5 或更高。而幫浦的最終壓力，較佳者可達 1×10^{-3} 毫巴的範圍。但實際上僅用一級幫浦很難達到此情況，故近年來多採用二級滑翼幫浦以代替傳統的一級幫浦。

---

4 有些廠商將迴轉幫浦的抽氣速率定為在幫浦進口與出口的壓力均為一大氣壓力時，單位時間抽出氣體的體積，又稱此抽氣速率為自由空氣位移（free air displacement）

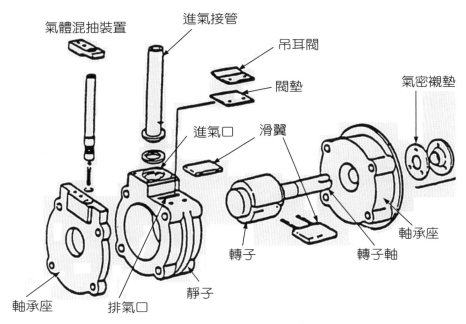

圖 3.5　一級滑翼油墊迴轉幫浦的構造圖

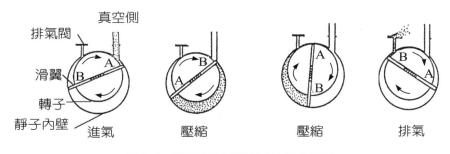

圖 3.6　滑翼油墊迴轉幫浦抽氣的原理

(B)滑翼迴轉幫最終壓力的限制

　　幫浦油的蒸氣壓，氣體或蒸氣溶解在油中，以及在轉子與靜子間之頂墊處的壓力差等均為限制最終壓力的因素。

(C)抽氣速率的限制

　　因轉子旋轉一周即排氣一次，故驅動馬達（轉子）的轉速為限制幫浦抽氣速率的因素。驅動馬達的轉速，舊式者在 500 至 700rpm 之間。新式者利用纖維加強塑膠製成的滑翼（fiber-reinforced plastic vanes），

因其質輕對轉子的轉動平衡影響較傳統的鑄鐵或鑄鋁者為小，故振動噪音也大為減少 5，且其不會磨損靜子內壁，故轉速可達 1500 至 1800 rpm。

(D)滑翼油墊迴轉幫浦抽空氣中的蒸氣的問題

若真空系統中有蒸氣，如一般的水蒸氣等存在。當蒸氣被壓縮至壓力等於其飽和蒸氣壓（saturated vapour pressure）時，即會凝結成液態混合在油膜中。轉子轉動時滑翼則將此含有液體（水）的油膜推動經過頂墊間隙回到低壓側。在低壓側因為壓力低於液體的飽和蒸氣壓，故液體又變成蒸氣。如此循環變化，使部分蒸氣在幫浦中不易被排出，最後又流回真空真系統。

水蒸氣在 15℃時其飽和蒸氣壓為 17.04 毫巴，在 70℃時其飽和蒸氣壓為 312 毫巴。若真空系統中有水蒸氣，而室溫為 15℃，則幫浦開始抽真空時大約壓力下降至 20 毫巴附近即維持此壓力不再下降。當幫浦繼續操作其溫度上升，最後達一平衡溫度約為 70℃，同時水的蒸氣壓也上升，故此時真空系統中的壓力反而升高。一般的滑翼油墊迴轉幫浦操作較久溫度上升，故真空系統雖經長時間抽真空，因為有此水蒸氣存在，受水蒸氣壓的限制其壓力將維持在一定的壓力而不會下降。

雖然水蒸氣有凝結成水而不被抽出的情形，但仍有部分水蒸氣被抽出。抽出的水蒸氣與總排氣壓力的比例可以下式估計：

$$p_{va}/(p_{va}+p_p) < p_{sat}/p_t$$

其中 p_{va}＝部分蒸氣壓（partial vapour pressure），p_{sat}＝飽和蒸氣壓，p_p＝永久氣體（permanent gases）的總壓力，p_t＝總排氣壓力（total exhaust pressure）。

滑翼油墊迴轉幫浦的總排氣壓力可估計如下：

---

5 根據環境噪音污染控制的要求，一般機器運轉的噪音在距離機器一公尺處應不超過 60 分貝（db）。舊式者噪音頗大常超出此規定

$p_t = 1013 +$ 排氣閥的彈簧壓力（約為 $0.2 \sim 0.4$ 巴）＋排氣閥上所受幫浦油的液壓加過濾器的阻力（約為 $0 \sim 0.5$ 毫巴）。

一般常估計為：

$p_t \simeq 1350$ 毫巴

若幫浦在室溫 15℃ 開始運轉時，此時可抽除水蒸氣的比例為：

$p_{va} / (p_{va} + p_p) < 17 / 1350 = 1.25\%$

當幫浦運轉發熱達平衡溫度 70℃ 時，可抽除水蒸氣的比例為：

$p_{va} / (p_{va} + p_p) < 312 / 1350 = 23\%$

由此可見，當幫浦操作在較高溫度下水蒸氣被抽除的比例較高。雖然如此，實際操作僅靠在較高的溫度下抽除蒸氣並不有效。一般的滑翼迴轉幫浦多配設有空氣混抽裝置（air ballast device），利用此裝置可有效減低或消除水蒸氣[6]。

(E)利用空氣（或氣體）混抽法（Air ballast method）減低或消除蒸氣

如圖 3.7 所示，在滑翼迴轉幫浦的靜子靠近排氣口側設有一氣體混抽裝置，此裝置包含有一開關閥，一單向閥，及連接管。當開關閥打開後，外界大氣（或選用的氣體）經單向閥直接進入靜子的氣體壓縮室滑翼推壓氣體的空間，此時空間內的氣體總壓力為一大氣壓力加已被壓縮氣體的壓力，故隨即推開排氣閥排入外界大氣中。因為此時系統內的氣體及蒸氣雖被壓縮但蒸氣的壓力未達飽和蒸氣壓，尚不致凝為液體，故可隨氣體排出。應注意，使用空氣混抽法時，幫浦的負荷很大，故排出氣體有油煙，而且幫浦會發熱。一般操作以不超過 20 分鐘為原則，因

---

[6] 此處雖以水蒸氣為例，實際上各種較高蒸氣壓的蒸氣均可利用此裝置減低或消除

打開空氣（或氣體）混抽裝置時真空系統中的壓力會上升，排氣閥受力的時間較長，故容易斷裂。當開關閥打開後，雖真空系統中的壓力會上升，但蒸氣慢慢被抽除後，系統中壓力亦慢慢下降，然後將空氣混抽裝置的開關閥關閉，系統中的壓力即繼續下降。若發現經過一次空氣混抽，真空系統中的壓力並未繼續下降，則可重復使用空氣混抽法，直到蒸氣被減低到可忽略的程度。

蒸氣被壓縮凝成液體　　　　　　　空氣混抽法抽除蒸氣

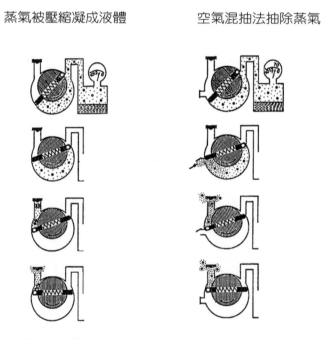

圖 3.7　滑翼迴轉幫浦利用空氣混抽法抽蒸氣的原理

(2)二級滑翼迴轉幫浦（two-stage sliding-vane rotary pump）

　　如上節所述限制滑翼迴轉幫浦最終壓力的因素中，除幫浦油可選用低蒸氣壓者以消除此限制外，氣體或蒸氣溶解在油中，以及在轉子與靜子間的頂墊（top-seal）兩側的壓力差兩項問題可用二級滑翼迴轉幫浦來改善。

(A)二級滑翼迴轉幫浦的基本原理

　　將滑翼迴轉幫浦的抽氣分為兩個階段，即並不直接從真空系統壓縮氣體排至大氣中，而係由幫浦的第一級壓縮氣體排入第二級幫浦內。然

後由此第二級幫浦將排入的氣體壓縮後排至大氣中。此種二級抽真空方式可減低幫浦的頂墊兩側的壓力差，故氣体由頂墊漏回低壓側的機率可大為降低。而溶解在幫浦油膜中的氣體或蒸氣於第二級雖經由頂墊回至低壓側被釋放，但立即再被壓縮排出，故其影響最終壓力的程度亦減少。通常二級滑翼迴轉幫浦的最終壓力較僅有一級者可低十倍以上。

(B)二級滑翼迴轉幫浦的構造

　　如圖 3.8 所示二級滑翼油墊迴轉幫浦係將幫浦抽真空的壓縮室分成兩部分，第一級幫浦為真空級（vacuum stage）第二級幫浦為排氣級（exhaust stage）。此兩個幫浦的轉子係在同一轉軸上，而由一馬達驅動。二級滑翼油墊迴轉幫浦實際上等於兩個一級滑翼迴轉幫浦，第一級將真空系統的氣體抽出排至第二級。而第二級再將此壓縮的氣體壓縮至壓力大於大氣壓力而排出至大氣中。

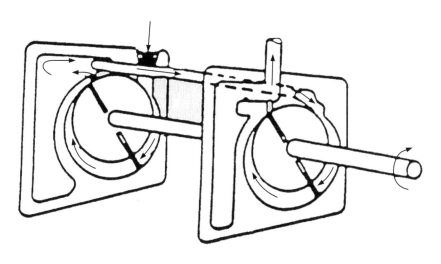

圖 3.8　二級滑翼油墊迴轉幫浦構造圖

(3)幫浦油及其更換時機

　(A)幫浦油

　　迴轉幫浦所用的油屬於輕石油（light petroleum oil）類的礦物油。通常係將輕石油經分餾將其中高蒸氣壓成分去除，亦有加入添加劑以提

高油的性能而製成幫浦油。各家廠牌的幫浦油主成分可能相同,但微成分則不盡相同,故性能及價格亦有差異。

(B)幫浦油的更換時機

幫浦油被污染或油已變質會影響抽真空的效果,此時便應更換幫浦油。在真空製程中常有製程產生的氣體或固體微粒等被抽至幫浦中,與幫浦油混合或起作用造成油污染或變質。舊式的滑翼迴轉幫浦用金屬滑翼,當幫浦運轉較久金屬被磨下混入油中,故油被污染顏色變黑。從幫浦外殼上的視窗可以觀察到油被污染的情形而決定是否需要更換。新式者則無被磨下的金屬,故不會觀察到油變黑被污染的情形,但幫浦操作太久油的顏色變深或者油質變為較濃稠,此種情形可能油有變質,故需要更換新油。污染或變質的幫浦油會影響抽真空的效果,從抽真空時間的變化亦可判斷是否需要更換新油。

(C)更換幫浦油應注意的事項

(a)不同廠牌的幫浦油,除已註明可為代用品外,切勿混合使用。

(b)更換幫浦油僅需將幫浦的洩油閥打開將舊油放出,然後關閉該閥再注入新油。即使油污染或變質情形頗嚴重,更換時亦僅需將舊油洩盡,必要時可用少量新油注入作為清洗用,清洗後將此油放出另注入新油。放出污染或變質的油後,切勿用一般所謂的清洗油清洗幫浦內部。除非幫浦內部機件被污染附著必須拆開清潔外,清潔幫浦內部或更換幫浦油均不必將幫浦拆開。

(c)更換新油後可能油中會介入空氣或水蒸氣,故若發現抽氣速率不如理想,可用氣體混抽法將此些混入的氣泡排出。

2.迴轉活塞幫浦

迴轉活塞幫浦(rotary piston pump)係以轉子推動進氣的閥進氣後再被轉子壓縮進入的氣體。

(1)迴轉活塞幫浦的構造

迴轉活塞幫浦與滑翼迴轉幫浦的構造不同,其轉子的軸設於偏心位置但與靜子軸為同軸。轉子的作用如一偏心輪,因為此偏心迴轉而將滑動閥

（sliding valve）推動形成往復活塞運動。滑動閥係在一樞鈕棒體（hinge bar）內上下滑動，滑動閥的作用為將真空系統的氣體帶進靜子與轉子形成的壓縮室。靜子壁上亦如滑翼迴轉幫浦有一層油膜，但壓縮作用係利用偏心轉子的一側邊沿靜子壁推壓氣體，轉子與靜子並不接觸，但為精密機械配合，油膜的作用為氣密襯墊及潤滑。迴轉活塞幫浦的構造如圖3.9所示。

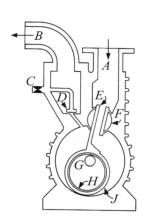

A：進氣口
B：排氣
C：空氣混抽裝置
D：排氣閥
E：滑動閥
F：樞鈕棒體
G：轉子軸
H：偏心轉子
J：連接閥體的柱塞

圖 3.9　迴轉活塞幫浦的構造圖

(2)迴轉活塞幫浦的抽氣作用

　　迴轉活塞幫浦的抽氣作用如圖 3.10 所示，當轉子轉一周，滑動閥往復一次為進氣階段。即滑動閥上升，真空系統中的氣體進入閥內，閥往下將氣體送入壓縮室後回到原位置，此過程為：轉子在 0°起動，180°吸氣，360°完成吸氣。轉子繼續轉動推壓此氣體，最後將氣體壓縮至大於大氣壓力而推開排氣閥門排至大氣中完成一抽排周期。此過程為：轉子在 360°開始壓縮氣體，540°氣體繼續被壓縮至高壓，720°排氣。故此真空幫浦係轉子轉兩週始完成一抽真空過程。

(3)迴轉活塞幫浦操作的問題

　　迴轉活塞幫浦係利用偏心轉子的一側邊沿靜子壁推壓氣體，轉子與靜子並不接觸，而係幾何形狀的氣密，故實際上並無機械摩擦。其滑動閥的往復運動並不要求精密機械配合，故此種幫浦的維修較容易。但因其轉子

的迴轉為偏心轉動，振動很大，會發生噪音，通常需要用平衡負荷來減低振動及噪音。以目前的環境噪音污染控制的要求，此種幫浦頗難符合標準。

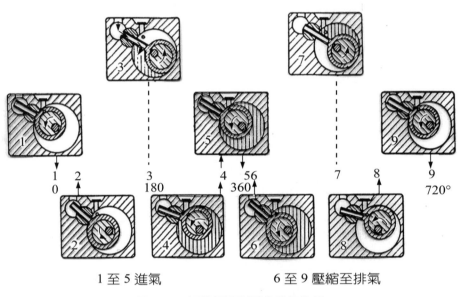

1 至 5 進氣　　　　　　　　6 至 9 壓縮至排氣

圖 3.10　迴轉活塞幫浦的抽氣作用

3.2.3 路持幫浦

　　路持幫浦（Roots pump）係以發明此幫浦者 Roots 為名。其抽氣的機制為以高速轉動的機械給予氣體分子動能，而向高壓方向飛行達到壓縮氣體的效果。

　　路持幫浦又稱為迴轉吹送幫浦（rotary blower pump），其轉子形狀有如兩個耳垂故亦稱為雙耳垂幫浦（double-lobe pump）。實際上其轉子斷面形狀如一個 8 字，故亦被稱為 8 字形轉子幫浦。一般的應用常以路持幫浦來提高真空度，故此幫浦常被稱為增強幫浦（booster）。

1. 路持幫浦的構造

　　路持幫浦具有兩個轉子互相機械配合但不接觸，兩轉子間的間隙及轉子與外殼間的間隙均約 <0.5 毫米，幫浦內無潤滑劑。兩個轉子其中一轉子係受

幫浦外部馬達直接驅動其轉軸旋轉，而另一轉子則於幫浦外經該馬達帶動齒
輪連接於其轉軸與另一轉子同步但反方向旋轉。幫浦內因無潤滑劑故機械配
合的精密度不高，因此轉子的轉速可很高。但因幫浦內無幫浦油作為氣密襯
墊，故可達到的氣體壓縮比很低。此種幫浦通常操作在粗略至中度真空範
圍，但並不直接從大氣壓力開始抽氣，因氣體分子密度高在轉子高速轉動時
會摩擦發熱。大型的路持幫浦在其轉軸內設有冷卻水管將冷卻水導至轉子內
部作冷卻之用。通常路持幫浦的保持在轉子溫度＜120℃。路持幫浦的構造如
圖 3.11 所示。

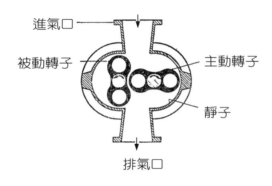

圖 3.11　路持幫浦的構造

2.路持幫浦的壓縮比與抽氣速率

(1)路持幫浦的壓縮比

如上節所述，路持幫浦內部並無幫浦油作為氣密襯墊，其抽氣的機制
為利用轉子的高速轉動使氣體分子獲得動能向轉子旋轉的方向進行，故可
達到的氣體壓縮的效果。但因兩轉子間的間隙及轉子與外殼間的間隙機械
配合的精密度不高，故被壓縮的氣體仍會向反方向流回。因此，路持幫浦
的壓縮比約為 10～100。

(2)路持幫浦的抽氣速率

因路持幫浦的兩轉子間的間隙及轉子與外殼間的間隙機械配合的精密
度不高，故轉子的轉速可很高，較佳者可達 3600rpm。此種幫浦轉子迴轉

一周即排氣一次，轉子轉速高則抽氣速率高，常用的路持幫浦的抽氣速率約在 5,000～30,000 公升／秒。

3.路持幫浦的操作壓力範圍及最大許可壓力差

(1)路持幫浦的操作壓力範圍

路持幫浦因壓縮比小，通常僅用作增強幫浦而並不直接排氣至大氣中。一般的應用，路持幫浦係將其排出的氣體排至一前段幫浦（fore pump），再由此幫浦排至大氣中。因此路持幫浦的操作壓力範圍與此前段幫浦的壓力有關。通常前段幫浦可用滑翼迴轉幫浦或迴轉活塞幫浦。單一路持幫浦操作壓力範圍約在 1 毫巴～10^{-3} 毫巴之間。

(2)路持幫浦的最大許可壓力差

因為轉子高速旋轉會與氣體分子摩擦發熱，故路持幫浦不宜長時間操作在較高的壓力下。一般較長時間的操作，路持幫浦的排氣口與進氣口的壓力差約為 50 毫巴，短時間操作的最大許可壓力差（maximun permissible pressure difference）可達 130 毫巴。

4.路持幫浦的功率消耗及其應用

(1)路持幫浦的功率消耗

路持幫浦的排氣與進氣的壓力差代表幫浦的負載，故幫浦消耗的功率有關。路持幫浦的功率消耗可用下式估算：

$$功率消耗 = S_{th}\,\Delta p + W$$

其中 W 為機械等損失，S_{th} 為理論抽氣速率，Δp 為排氣壓力（exhaust pressure）與進氣壓力（intake pressure）之差，即 $\Delta p = p_{ex} - p_{in}$。

(2)路持幫浦的應用

路持幫浦可用作清潔真空系統的抽氣，路持幫浦用作增強幫浦可將前段幫浦所抽的真空度提高一至二個級次已如前述。除此功用外，路持幫浦又用在要求高度清潔的真空系統。因路持幫浦內部並無幫浦油或任何潤滑劑，故不會有油蒸氣回到真空系統內，又因幫浦的轉子高速旋轉可使從前

段幫浦回流的油蒸氣分子被推回至前段幫浦。路持幫浦雖然內部並無潤滑油，但其外部仍有運動機械如齒輪，轉軸，及軸承等需要油脂潤滑，此等油氣分子亦有可能沿驅動軸進入幫浦內部，但此逸入的油氣分子仍因幫浦的轉子高速旋轉，而被推出至前段幫浦。故路持幫浦與前述的滑翼或滑動活塞迴轉幫浦配合可獲得清潔的粗略至中度真空。

3.2.4 乾式幫浦

上述的路持幫浦內部並無幫浦油或任何潤滑劑，故不會有油蒸氣回到真空系統內的問題，但若僅用單一幫浦其壓縮比很低，並不能直接從大氣壓力開始抽氣。如果將數個路持幫浦串聯則可達到高壓縮比，故可用以從大氣壓力開始抽粗略至中度真空而無油氣污染真空系統之虞。此即所謂乾式幫浦（dry pump）的基本原理[7]。

此種乾壓縮式幫浦（dry compressing pump）因無氣密襯墊，故要求其機件間的機械精密度很高以減少由轉子與機殼（靜子）的間隙反向回至真空側的氣體。通常此間隙達 0.1 至 0.01 毫米。由於乾式幫浦係用以從大氣壓力開始抽粗略至中度真空，在此壓力範圍氣體的分子密度很大，故幫浦的轉子高速旋轉時因與氣體分子摩擦而發熱。若此熱不被散除，則幫浦的機件會因熱膨脹而互相接觸，轉子繼續轉動則更發生摩擦生熱使機件卡緊，終於馬達超負荷焚毀。各種不同的乾式幫浦均設計有不同的冷卻裝置使幫浦維持在一定的操作溫度。

1.路持式乾式幫浦

最初發展的乾式幫浦係以六個路持幫浦串聯而成，即所稱的路持式（Roots-type）。其轉子為 8 形（雙耳垂形）或為三瓣葉片形兩葉片間呈 120°角者。路持式乾式幫浦的抽氣速率較高，但因其轉速高又無潤滑，故機件間的機械精密度不能太高。實際上路持幫浦的抽氣過程在幫浦室內氣體係以等容積被推送直到前段管路才被壓縮，故此種幫浦較適合用於中度真空範圍的抽真空，而在從大氣壓力開始抽粗略真空則效果不佳。通常多用一前段幫浦，

---

7 排氣式幫浦串聯的壓縮比係相乘而非相加

如薄膜幫浦（diaphragm pump）或下節將敘述的挖爪式乾式幫浦，將真空系統從大氣壓力抽真空至一切入壓力（cut-in pressure），然後再由路持式乾式幫浦抽真空至中度真空範圍。多級路持式乾式幫浦的構造圖如圖3.12所示。

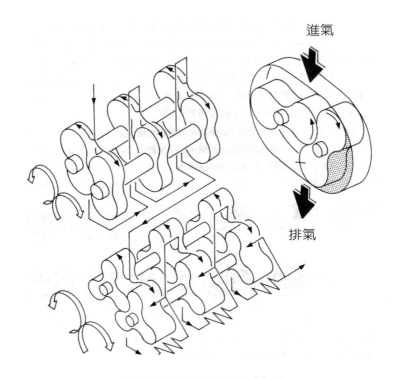

進氣

排氣

圖 3.12　多級路持式乾式幫浦

2. 挖爪式乾式幫浦

(1)挖爪式乾式幫浦的構造

挖爪式（craw-type）乾式幫浦有兩個相同挖爪（craw）柱體形狀的轉子，在一具有部分重疊兩空心圓柱腔體的幫浦外殼內同步向相反的方向旋轉。兩挖爪柱體的轉軸互相平行，兩轉子之一受外界馬達驅動其轉軸，而另一轉子的轉軸則經時間齒輪（timing gear）傳動由同一馬達帶動。轉子間以及轉子與外殼腔體內壁間的機械配合精密度很高，其間隙約在0.01毫米。挖爪式乾式幫浦構造圖如圖3.13所示。

圖 3.13　挖爪式乾式幫浦構造圖

(2)挖爪式乾式幫浦的抽真空原理

　　挖爪式乾式幫浦的操作原理為轉子周期性的打開與關閉幫浦的進氣與排氣口。其氣流方向與路持式者不同，路持式的進氣與排氣在轉子旋轉的方向而與轉軸垂直。挖爪式的進氣與排氣方向則與轉子旋轉軸的方向相同。當挖爪轉子開始轉動時逐漸將進氣口打開，而使真空系統的氣體被吸入。氣體被吸入後充滿幫浦內，挖爪轉子繼續轉動則將吸入的氣體壓縮。挖爪轉子轉動至排氣位置時，排氣口被打開而將氣體排出，轉子再繼續轉至進氣位置。由此可見挖爪式幫浦抽真空的原理與路持式者不同，其抽氣機制為正位移壓縮，與迴轉滑翼幫浦或迴轉活塞者相似，故挖爪式者較適合作粗略真空抽氣。

　　挖爪式乾式幫浦的抽真空原理如圖 3.14 所示，在挖爪轉子轉動至 2 至 3 的位置時進氣口打開吸氣，至 6 的位置完成吸氣。在挖爪轉子轉動至 7 的位置氣體被壓縮，而在 9 與 10 的位置時排氣口被打開而將氣體排出。此種幫浦在排氣後尚有部分被壓縮的氣體被捕捉在轉子間未能排出，如 11 至 12 的位置所示。圖中可見兩挖爪轉子旋轉一周為進氣，再旋轉一周為壓縮與排氣，故完成一進氣與排氣周期為轉子旋轉 720°。因此，挖爪式乾式幫浦的抽氣速率，以相同的馬達轉速來比較則較路持式者為小。

1 至 6 進氣

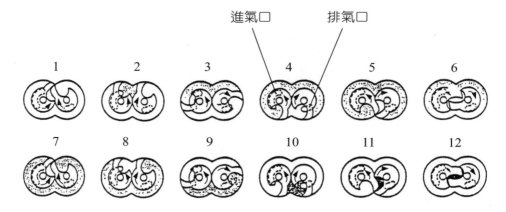

7 至 12 排氣

圖 3.14　挖爪式乾式幫浦的抽真空原理

3.路持—挖爪式乾式幫浦

　　前述的路持式與挖爪式乾式幫浦各有其優缺點及最佳的操作壓力範圍，故可將此兩種乾式幫浦聯合應用以獲得較佳的抽真空效果。商品的乾式幫浦其第一級為路持式其他幾級則為挖爪式，稱為路持—挖爪式乾式幫浦（Roots-claw type）其構造圖如圖 3.15 所示。

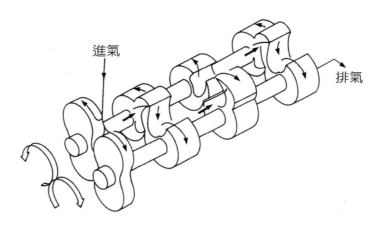

圖 3.15　路持－挖爪式乾式幫浦

4.螺旋式乾式幫浦

　　螺旋式（screw-type）乾式幫浦有單螺旋轉子與雙螺旋轉子兩種。近年來
發展的螺旋式乾式幫浦可從大氣壓力開始抽真空至中度真空範圍。

(1)單轉子螺旋式乾式幫浦

　　　此種螺旋式乾式幫浦僅有一螺旋轉子，此轉子在一空心圓柱體靜子內
旋轉。其抽真空的基本原理為氣體的壓縮係在轉子上的螺旋齒槽內發生。
此螺旋齒槽在轉子的進氣端較深，而向排氣端漸漸變淺。轉子與靜子間係
精密機械配合，其間的間隙很小而且並無幫浦油作潤滑及氣密襯墊。氣體
在轉子轉動時被推動沿螺旋齒槽向排氣端壓縮。單轉子螺旋式乾式幫浦的
構造如圖 3.16 所示。

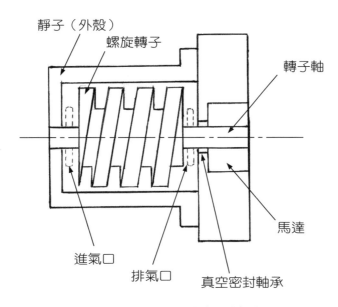

圖 3.16　單轉子螺旋式乾式幫浦

(2)雙螺旋轉子乾式幫浦

　　　此種螺旋式乾式幫浦具有兩個螺紋方向相反的轉子，亦如其他乾式幫
浦其兩轉子為向相反方向旋轉。兩螺旋轉子互相嚙合，但齒與齒間有一定
的間隙並不接觸。一轉子被設於幫浦殼體外部的馬達驅動其轉軸旋轉，而

另一轉子則由該馬達帶動時間齒輪再驅動其轉軸同步反向旋轉。雙轉子螺旋式乾式幫浦的構造如圖 3.17 所示。

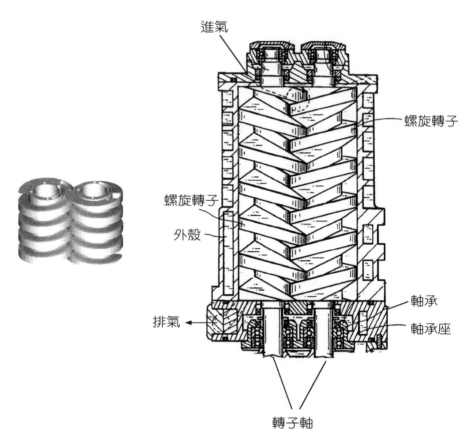

圖 3.17　雙轉子螺旋式乾式幫浦

5.渦卷式乾式幫浦

渦卷式乾式幫浦（scroll pump）係由一迴轉的渦旋狀的轉子在一與其共軛（conjugate）的靜子中轉動而抽氣。其構造及抽氣原理分別如圖 3.18 及圖 3.19 所示。

圖 3.18　渦卷式乾式幫浦

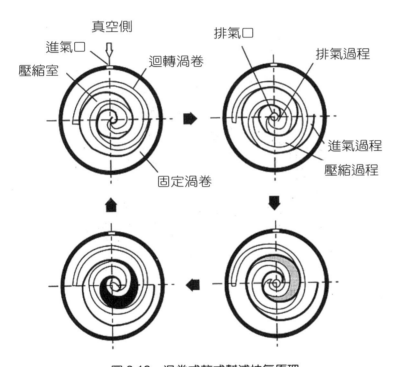

圖 3.19　渦卷式乾式幫浦抽氣原理

3.2.5 吸附幫浦

　　吸附幫浦（sorption pump）亦稱為表面吸附幫浦（adsorption pump），早年係用作增強幫浦，使抽粗略真空的幫浦如滑翼迴轉幫浦等所達的壓力降低一至二個方次以便於起動高真空幫浦。此外其亦可用作消除前段幫浦如滑翼迴轉幫浦等

的油蒸氣以達到清潔真空的目的。近年來吸附幫浦則用於從大氣壓力開始抽粗略真空至中度真空，而成為要求高度清潔且無振動的真空系統抽粗略真空至中度真空的重要幫浦。

1. 吸附幫浦的原理

吸附幫浦為貯氣式幫浦，其抽真空的原理主要係利用吸附劑（absorbent）的物理吸附將氣體吸附貯於幫浦中。

(1)物理吸附（physisorption）

物理吸附僅有物理作用，故吸附劑不會起化學變化。物理吸附具有下列特徵：

(A)$H_a = Q_a$

H_a 為吸附熱（heat of adsorption），Q_a 為吸附能（energy of adsorption）。

一般的吸附材料的吸附能約為 8 千卡／莫耳（Kcal/mole）。

(B)物理吸附過程為放熱過程（exothermic process）

(C)被吸附的氣體分子與吸附劑分子間的力（intermolecular force）為溫德華吸引力（Van der Waals attractive force）

(2)可用作吸附幫浦的吸附劑應具備的條件

(A)物理面積／幾何面積（A_p/A_g）要大

此種吸附劑多屬高多孔性（porosity）材料 [8]。通常用高比面積（specific surface），即每克吸附劑材料含有的表面積（米²／克）來表示其規格。

(B)對於氣體或蒸氣的化學性鈍

(C)保持固定的結構

(D)不會潮解（hydrolysis）

(E)在高溫時可將吸附的氣體釋出再生（regeneration）

(F)材料的蒸氣壓低

---

[8] 一般的多孔性材料 $A_p/A_g \sim 900$ 或更高

(3)用於吸附幫浦的吸附劑（亦稱為分子篩）

   (A)可用於真空幫浦的吸附劑

      活性碳（activated charcol），活性礬土（activated alumina），及人造沸石（artificial zeolite）為符合上述條件的吸附劑。但因其吸附氣體的情形各不相同，其中人造沸石的比面積～1000 米²／克，而其對大氣的主要成分氣體的吸附效果最佳，故目前選作抽粗略真空幫浦的吸附劑材料。商品多為以人造沸石加 20%的水泥製成小球或圓柱體狀顆粒填充在吸附幫浦內。

   (B)分子篩

      人造沸石為具有四面體晶格（tetrahedral lattice）的鹼金屬鋁矽酸鹽（alkali metalal uminosilicate）結晶體，其平均晶格距離為 13 埃（$\mathring{A}$）。若氣體分子的直徑與此晶體空隙的尺寸相當則易被吸附，但若氣體分子的直徑太小則會穿過此空隙而不被吸附。用於吸附幫浦的吸附劑，因其可篩選不同大小的氣體分子故又稱為分子篩（molecular sieve）。一般用於抽粗略真空的吸附劑多選用較大晶格距離，如晶格距離為 13 埃（$\mathring{A}$）者，常以 13X 表示。大氣中的大分子氣體如氧，氮，二氧化碳，甲烷，氬等均可被吸附，而小分子氣體如氖，氦，氫等則會穿過晶體間隙不被吸附。

(4)其他吸附劑

      其他吸附劑包括活性碳（acti ated charcol），活性礬土（activated alumina）及矽膠（silica gel）等。其中活性礬土的比面積為 300 米²／克，較人造沸石者小很多，故較少用於吸附幫浦。矽膠對吸附水蒸氣較有效其吸附水蒸氣的比面積約為 700～800 米²／克，但不吸附其他氣體，故僅在有水蒸氣的真空系統可以用其消除水蒸氣。活性碳係將碳在 500～700℃的高溫予以活化，再以 800～1000℃的水蒸氣通過約一小時，可得比面積約為 600～850 米²／克的吸附劑，故活性碳亦可適用於吸附幫浦。但常用的活性碳吸附劑（即 5X 活性碳）其晶格距離為 5 埃，可吸附氣體分子直徑小者，如氫，氦，及氖但不吸附大氣體分子，故不適用於抽粗略至中度

真空的吸附幫浦，但在有些高真空幫浦，如冷凍幫浦（cryo-pump）中，則常利用其吸附小分子氣體。

2. 吸附幫浦的最終壓力及抽氣速率

(1)最終壓力

吸附幫浦的最終壓力受大氣中小分子氣體（氖，氦，及氫）的分氣壓力限制，因此等大氣中小分子氣體不被吸附劑（沸石）吸附。一般僅用一個吸附幫浦從大氣壓力開始抽真空，因此等小分子氣體的分氣壓之和為 2.48×10^{-2} 毫巴，故最終壓力約在 10^{-2} 毫巴範圍。

(2)抽氣速率

吸附幫浦吸附氣體後吸附劑的吸附面逐漸減少，故幫浦的抽氣速率隨壓力之下降而減低。當幫浦的抽氣速率降低至不能維持真空系統的操作壓力時，此幫浦即應停用並予以再生（regenerate）。

3. 冷凍吸附（cryosorption）

將吸附劑在低溫下操作即為冷凍吸附（cryosorption）。一般所用的低溫為液態氮的溫度，即 77.2 K（−196℃）。物理吸附過程溫度愈低吸附的能力愈強，根據吸附公式即可見物理吸附與溫度的關係。

(1)吸附公式

物理吸附過程為放熱過程，氣體分子被吸附劑結合時放出的能量等於氣體分子與吸附劑分子的結合能（binding energy），此能量稱為吸附能（adsorption energy）。單位時間吸附劑單位面積上吸附氣體的分子數可用下式表示：

$$\mathrm{dN/dt} = \nu\, \mathrm{N}\, e^{-Q/kT} \quad 分子／厘米^2 \cdot 秒$$

式中 N 為被吸附的分子數／厘米^2，k 為波滋曼常數，Q 為吸附能，T 為絕對溫度，ν 為一常數。

(2)吸附容量（adsorption capacity）

單位質量吸附劑吸附氣體的氣流通量即為吸附容量。由上式可知溫度

愈低單位時間被吸附的氣體分子數愈多，故吸附劑的吸附容量隨溫度下降而大增。例如在 10^{-2} 毫巴的真空中，人造沸石吸附劑在 20℃ 時的吸附容量為 10^{-4} 毫巴・公升／克，而在液態氮溫度 -196℃ 時為 10^{2} 毫巴・公升／克。

(3)吸附劑的再生

　　吸附劑的再生即係將被吸附的分子解附（desorption）。因吸附幫浦所用的抽真空原理為物理吸附，故將被吸附的分子解附後此吸附劑仍可再用，此即所謂的再生。既然吸附過程為放熱過程，若加熱使被吸附的氣體分子獲得能量等於氣體分子與吸附劑分子的結合能，則此被吸附的分子即可解附。一般的吸附幫浦所用的吸附劑如為人造沸石，再生所需加熱的溫度約在 350℃ 至 450℃ 間。

4.吸附幫浦的構造

　　吸附幫浦的構造如圖 3.20 所示，幫浦本體為一鋁或鋁合金製成的圓瓶，其一端開口連接在一不鏽鋼的法蘭盤（flange）上以與真空系統接合。圓瓶內有導冷翼（conducting vane）係連接在瓶殼內面並向中心延伸。此導冷翼多用純鋁製成可將幫浦外部施加的冷溫傳至圓瓶內貯放的吸附劑。圓瓶上部近開口端有一細不鏽鋼排氣管，係用於幫浦再生時將加熱解附的氣體由此管排出。幫浦再生後即將此管口用一彈性體，如維通（viton）製的迫緊塞塞住。

　　吸附幫浦有兩附件，其一為液態氮容器，可套在幫浦外部灌入液態氮使幫浦在低溫操作。另一為加熱罩，幫浦需再生時，取下液態氮容器，將加熱罩套在幫浦外部通電使幫浦加熱[9]。

5.多級吸附幫浦

　　如前節所述吸附幫浦的最終壓力受大氣中小分子氣體的分氣壓力限制，因此等不被吸附的氣體 Ne，He 及 H_2 的分氣壓之和為 2.48×10^{-2} 毫巴，故若用一個吸附幫浦從大氣壓力開始抽真空最後很難達到低於 10^{-2} 毫巴的真空度。以此真空度起動高真空幫浦有很大困難。解決此問題現多利用多級吸附

---

[9]　另一種加熱方式為利用電熱加熱棒置於幫浦特別設計的加熱孔中加熱

幫浦（multi-stage sorption pump）來從大氣壓力開始抽真空即可達到較低的壓力。以下用二級吸附幫浦來說明多級吸附幫浦的抽真空原理。

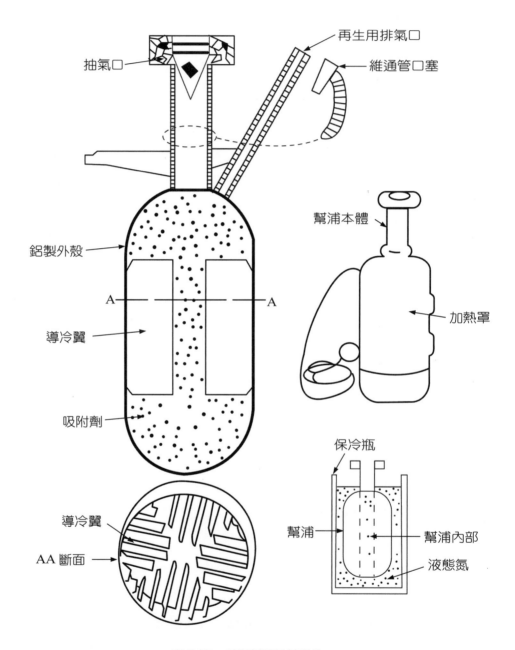

圖 3.20　吸附幫浦及其附件

(1)第一級吸附幫浦抽真空

從大氣壓開始，打開第一級吸附幫浦的隔斷閥開始抽氣。根據上述吸附幫浦的抽氣機制，用沸石為吸附劑除小分子氣體外所有的氣體均被吸附劑物理吸附。但因此時真空系統的氣流形態為黏滯氣流（viscous flow），故所有氣體均黏滯曳引至幫浦內。當真空系統的壓力降至 1 毫巴，真空系統的氣流形態變為過渡氣流（transition flow）。此時立即將第一級吸附幫浦的隔斷閥關閉而進行下步驟。在真空系統的壓力達 1 毫巴時，其中小分子氣體的總分氣壓可計算如下：

總分氣壓（Ne＋He＋H$_2$）$\simeq 1 \times 2.5 \times 10^{-2}/1000 = 2.5 \times 10^{-5}$毫巴。

(2)第二級吸附幫浦抽真空

關閉第一級吸附幫浦的閥的同時，打開第二級吸附幫浦的隔斷閥繼續抽氣。因真空系統的氣流形態為過渡氣流，除小分子氣體外所有的氣體均被吸附劑吸附，但小分子氣體可能不被黏滯曳引至幫浦。即使幫浦不能吸附此部分的小分子氣體，因此時小分子氣體的總分氣壓僅約為 2.5×10^{-5} 毫巴，故吸附幫浦繼續抽其他氣體理論上真空系統的壓力應可達約 10^{-3} 毫巴。

3.3 高真空到超高真空抽氣用的幫浦

真空系統的真空度達高真空範圍後氣體的分子密度相對減低，事實上已無法應用正位移壓縮的方法抽氣。利用賦予氣體分子動能的排氣式幫浦或將氣體貯存在幫浦中的貯氣式幫浦為高真空到超高真空抽真空用的兩類幫浦。高真空幫浦的設計均不能從大氣壓力開始抽真空，原則上真空系統必須先由上述的抽粗略真空到中度真空用的幫浦將真空系統抽真空至接近高真空的壓力範圍，然後再起動高真空幫浦。理論上，起動高真空幫浦要在分子流範圍，實際上起動時的壓力愈底則幫浦愈易起動，而且對高真空幫浦的操作及壽命均有幫助。

3.3.1 擴散幫浦

擴散幫浦（diffusion pump）顧名思義為利用氣體擴散的原理的幫浦。當真空系統中的壓力達可起動擴散幫浦的壓力時，此時氣流形態已進入分子流範圍，故每一個氣體分子均獨立作任意運動（random motion）。擴散幫浦內的幫浦液（pumping fluid）在起動幫浦時被加熱成蒸氣經由噴口（nozzle）噴出形成蒸氣噴流（vapour stream）。氣體分子任意運動至蒸氣噴流附近，因蒸氣噴流中並無氣體分子，即氣體分子的濃度為零，故依照擴散定理氣體分子即擴散入蒸氣噴流中。在蒸氣噴流中的氣體分子則隨蒸氣噴流向下流動，噴流至擴散幫浦下端幫浦內壁受冷卻，蒸氣即冷凝成幫浦液回至加熱器，被帶下的氣體分子則在此處被一前段幫浦（fore pump）抽出排至大氣。

1. 擴散幫浦的壓縮原理

擴散幫浦單級的壓縮比理論上為：

$$p_2/p_1 = \exp(\rho vL/D)$$

式中 ρ＝蒸氣密度，v＝噴口速度（蒸氣在噴口噴出的速度），L＝噴口寬，而 D 為一常數與氣體分子及蒸氣分子的質量與直徑有關，D 可用下式計算：

$$D = 3[RT(M_1+M_2)/2\pi M_1 M_2]^{1/2}/2(\sigma_1+\sigma_2)^2$$

式中 σ 代表莫耳質量為 M 的氣體與蒸氣的分子直徑，1 與 2 分別代表被抽氣體與蒸氣，R 為氣體常數（universal gas constant），及 T 為絕對溫度。

從上式可知，擴散幫浦的壓縮比除與產生蒸氣的幫浦液的種類，噴口寬，及被抽的氣體有關外，蒸氣在噴口噴出的速度為一項重要參數。蒸氣噴出的速度係受幫浦液加熱的溫度所決定。若加熱的溫度不夠高，則 v 太低故壓縮比會太低，但若加熱的溫度太高，則會造成下節將討論的油氣回流間題。幫浦液的密度高亦為重要考慮，一般擴散幫浦的幫浦液多選用大分子高密度的液體，其性質將於以下另作討論。

簡單的擴散幫浦原理圖如圖 3.21 所示，圖中僅示出蒸氣噴流裝置的一

p_2。

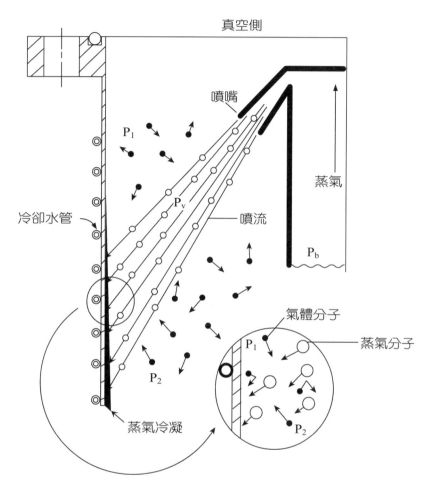

圖 3.21　擴散幫浦原理圖

2.擴散幫浦的抽氣速率

(1)擴散幫浦的理論最大抽氣速率

擴散幫浦的進氣口可視為一孔道（aperture），根據氣導（conductance）的理論，真空系統的有效抽氣速率（effective pumping speed）不會超過連接真空幫浦至真空系統間的氣導的數值。因此擴散幫浦的理論最大抽氣速率應不會超過其進氣口的氣導的數值。在高真空分子氣流範圍，孔

道氣導的計算公式為 [10]：

$$C = 3.64(T/M)^{1/2}A$$

式中 C 為氣導單位為公升／秒，T 為絕對溫度單位為 K，M 為氣體的莫耳質量，及 A 為孔道的面積。

真空側

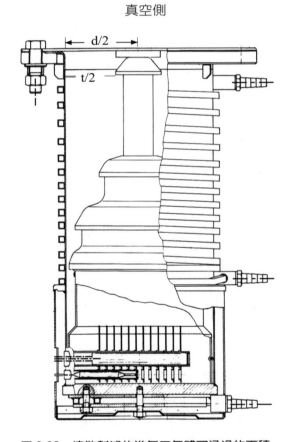

圖 3.22　擴散幫浦的進氣口氣體可通過的面積

---

[10] 氣導有關的理論及計算見第五章

如圖 3.22 所示，擴散幫浦的進氣口氣體可通過的面積為

$$A = \pi d^2/4 - \pi(d-t)^2/4 = \pi t(2d-t)/4$$

d 為幫浦進氣口的直徑，t 稱為噴口的餘隙（nozzle clearance）或噴喉寬（throat width），即 t/2 為噴口距幫浦外殼內壁的距離。

代入上式可得幫浦最大抽氣速率 S_{max} 為：

$$S_{max} = C = 3.64(T/M)^{1/2}\pi t(2d-t)/4 \quad 公升／秒$$

(2)實際擴散幫浦的抽氣速率

一般擴散幫浦的抽氣速率 S 應小於幫浦最大抽氣速率，通常可用下式計算：

$$S = HS_{max}$$

式中 H 稱為何氏因子（Ho-factor）或速率因子（speed factor），為一介於 0 與 1 間的常數，一般擴散幫浦的何氏因子可用實驗求得。

大型的擴散幫浦，此因子常取為 0.4，而幫浦的噴口餘隙常設計為：

$$t \simeq d/3$$

故抽氣速率 $S = 0.64(T/M)^{1/2}d^2 \quad 公升／秒$

實用時常以室溫 20℃ 及所抽氣體為空氣來簡化，即選擇 T 為 293K，M 為空氣的平均莫耳質量=29，故 $(T/M)^{1/2} = (293/29)^{1/2} = 3.18$。代入此些數字最後可得：

$$S \simeq 2d^2 \quad 公升/秒$$

式中 d 為擴散幫浦進氣口的直徑，單位為厘米。

通常擴散幫浦的規格常用擴散幫浦進氣口的直徑如若干厘米或英寸來表示，利用上式即可求出其抽氣速率。例如：要選用一抽氣速率為 800 公升/秒的擴散幫浦，由上式可算出為約 20 厘米（或約 8 吋）直徑的幫浦。

3.擴散幫浦的抽氣速率曲線及最終壓力

(1)擴散幫浦的抽氣速率曲線

實際擴散幫浦的抽氣速率頗接近一常數，如圖 3.23 所示，不同種氣體的抽氣速率稍有差異。在起動擴散幫浦的壓力範圍時，抽氣速率係隨壓力降低而上升至正常操作的抽氣速率，如虛線所示，在壓力接近擴散幫浦的最終壓力時，抽氣速率會迅速下降。

由圖可見，氫氣，氦氣及氖氣在正常操作的壓力範圍，其抽氣速率較其他氣體為高，但此些氣體能達到的最終壓力則比一般大分子氣體者較高。

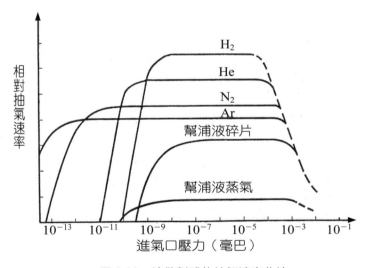

圖 3.23　擴散幫浦的抽氣速率曲線

(2)擴散幫浦的最終壓力

擴散幫浦的最終壓力（Ultimate pressure）受油蒸氣，水蒸氣，及溶於幫浦液及幫浦結構金屬中的氫（氦）的限制。

4. 前段幫浦的要求

　　前段幫浦（fore pump）亦稱為支援幫浦（backing pump），其作用為將被擴散幫浦壓縮的氣體再予壓縮排至大氣中。原則上各種抽粗略真空的幫浦均可利用作前段幫浦。擴散幫浦將氣體壓縮至可被前段幫浦抽氣的壓力，稱為前段壓力（fore-pressure）。連接前段幫浦至擴散幫浦的管路則稱為前段管路（fore line）。

(1)前段壓力

　　　　擴散幫浦蒸氣噴流的噴口級數愈多，氣體的壓縮比愈大，故前段壓力也愈高。但因產生幫浦液蒸氣的加熱器位於幫浦底部接近排氣至前段的位置，故加熱器中的壓力與此前段壓力有關。前段壓力過高則加熱器中的壓力亦會相對提高，故要使幫浦液蒸發即必須提高加熱的溫度，如此將會導致幫浦液分解，產生不利真空系統的影響。因此，一般幫浦液加熱器的壓力以不超過 2 毫巴為原則。考慮此要求，故擴散幫浦的前段壓力不能超過一極限壓力（critical pressure），p_{crit}，或最大許可前段壓力（maximum permissible fore-pressure），一般的設計選擇此極限壓力～0.5 毫巴。

(2)前段幫浦及其抽氣速率

　　　　通常滑翼迴轉幫浦為最普遍用作擴散幫浦的前段幫浦，其抽氣速率係以最大許可前段壓力為參考。即前段幫浦的抽氣速率，S_F，可用下式求得：

$$S_F = Q_m / p_{crit}$$

式中 Q_m＝擴散幫浦的最大氣流通量（throughput）。

　　　　擴散幫浦的氣流通量與進口壓力有關，若幫浦操作在抽氣速率為常數的範圍，則氣流通量隨壓力的下降而減低。擴散幫浦的氣流通量與進口壓力的關係如圖 3.24 所示。圖中可見當進口壓力在 10^{-3} 毫巴以上則為超載區（over load zone），此區域係在擴散幫浦的起動壓力範圍，此時幫浦的

氣流通量為最大。曲線超過此範圍則為前段幫浦抽氣的範圍。在應用上式求前段幫浦的抽氣速率時，即用此擴散幫浦的最大氣流通量。

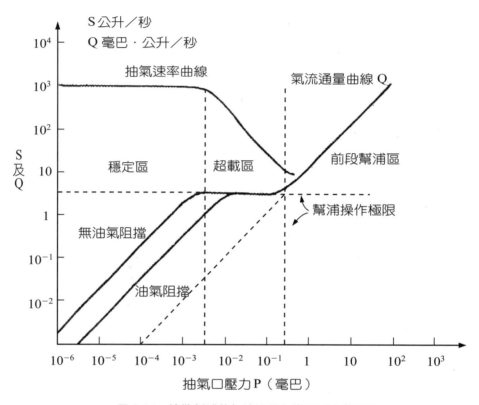

圖 3.24　擴散幫浦的氣流通量與進口壓力的關係

(3)鍋爐的溫度及壓力

　　鍋爐的溫度隨所用的幫浦液（pump fluid）而定，約從 150～350℃。一般的擴散幫浦油（diffusion pump oil），鍋爐的溫度約為 250℃。

　　鍋爐的壓力多選在～0.7 毫巴（0.5 托爾），壓力太高將導致噴口超壓，結果會產生油氣回流，壓力太低則噴口壓力太低而影響抽氣速率。

(4)擴散幫浦的功率

　　擴散幫浦的功率（power）係根據擴散幫浦的最大氣流通量估算者，一般實用的資料為：

$$W = Q_m \times （\sim 1\text{ 千瓦／每 } 1.6\text{ 毫巴‧公升／秒}）$$

(5)擴散幫浦冷卻水溫度

　　　　擴散幫浦的功率約 80% 傳至由底部向上至頂部流通之冷卻水。排水之溫度應不超過 54℃（130℉）。冷卻水溫度愈低對幫浦液蒸氣的冷凝效果愈佳，通常可用手感測，原則上若排水口溫度為微溫則已達所需的冷卻效果。

5.擴散幫浦的構造

　　　　上述擴散幫浦原理圖僅顯示一個蒸氣噴流噴出的噴嘴（nozzle）或僅有一級，事實上除早期玻璃製的擴散幫浦或教學用的示範性擴散幫浦外，實用的擴散幫浦蒸氣噴流噴出的裝置均有多個疊置的噴嘴，即所稱的多級（multistage）。多級擴散幫浦的級數視幫浦的大小規格及要求的最終壓力而定，一般為 3 至 6 級。小型擴散幫浦通常有三級而大型者則可達五至六級。

　　　　擴散幫浦的構造包括有幫浦本體（即外殼），幫浦液蒸發器亦稱為鍋爐（boiler），蒸氣噴流裝置（jet assembly）亦稱為噴流塔或傘形裝置，及前段排氣管路。幫浦本體外壁設有冷卻水管，並延伸至前段排氣管路。冷卻水由位於幫浦下方的前段排氣管路處的水管進入，至幫浦上方的進氣口附近排出[11]。噴流塔每一層形成環狀噴口，即為一級。由最上層的第一級噴射蒸氣噴流將氣體壓縮，再經其下的第二級繼續壓縮，如此連續壓縮，最後一級將被壓縮氣體排至前段管路。擴散幫浦依其蒸氣噴流中各成分噴射的方法而可分成下述兩種：

(1)非分噴式（non-fractionating type）多級擴散幫浦

　　　　非分噴式多級擴散幫浦為早期用的擴散幫浦或比較簡單的擴散幫浦。幫浦液蒸發成蒸氣從噴流塔中各級噴口噴出，其中各成分並無選擇。擴散幫浦用水銀為幫浦液者因其僅為一種元素成分，蒸氣無分噴的需要，故用非分噴式多級擴散幫浦。此種幫浦的構造如圖 3.25 所示。幫浦液蒸氣蒸

---

[11] 在裝有冷卻阻擋（baffle）的擴散幫浦，冷卻水流通至此冷卻阻擋再排出

氣從噴流塔中向上自各級噴口噴出至幫浦本體冷卻的內壁凝結成液體流回至鍋爐。

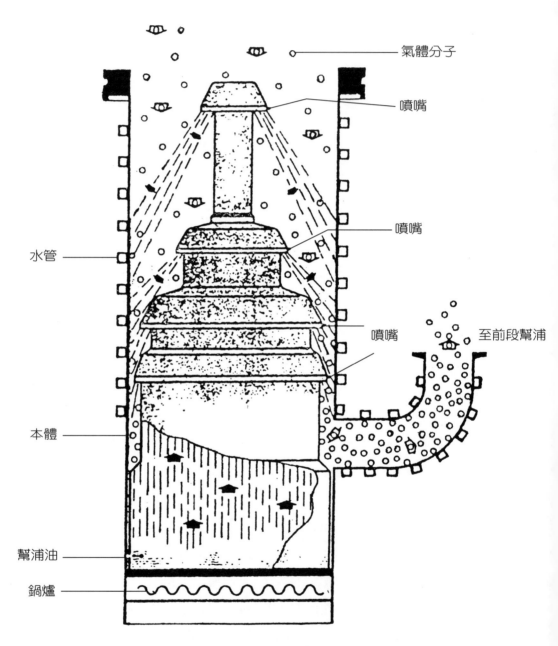

圖 3.25　非分噴式多級擴散幫浦

⑵分噴式（fractionating type）多級擴散幫浦

分噴式多級擴散幫浦係幫浦液為高分子油類（簡稱為擴散幫浦油）的擴散幫浦。因幫浦油經加高溫蒸發成蒸氣時，蒸氣多包含蒸氣壓高低不同的成分。分噴主要的目的為使蒸氣中不同的成分依蒸氣壓的高低分別從下層最接近排氣口的噴口向上至上層最接近進氣口的噴口噴出。其分噴的原理為幫浦油經加高溫蒸發成蒸氣時，包含蒸氣壓高低不同的成分蒸氣由各噴口噴出至幫浦本體冷卻的內壁凝結成液體順內壁向下流回至鍋爐。其進入鍋爐的途徑為由內壁下端鍋爐的最外圈向中心徑向移動，蒸氣中蒸氣壓高的成分在最外圈即受熱蒸發由下層最接近排氣口的噴口噴出，而蒸氣壓次高者則在較內圈處蒸發由較高的噴口噴出。如此類推，最不易蒸發的成分則至噴流塔頂端的噴口噴出。此種分噴式的設計可以減低下述油蒸氣回流的問題。此種幫浦的構造如圖 3.26 所示。

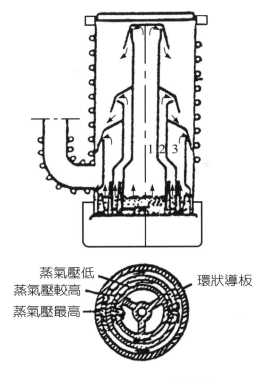

圖 3.26　分噴式多級擴散幫浦

6.擴散幫浦的油蒸氣回流

擴散幫浦的性能主要受油蒸氣回流（back-streaming）的限制。所謂油蒸氣回流係指在擴散幫浦中所用的幫浦液（油）成為蒸氣會流回至真空系統中的現象。擴散幫浦為解決此油氣回流的問題均配有消除油蒸氣的裝置，但無論如何油蒸氣並不能百分之百的消除。

(1)回流與回移

回流為油蒸氣回流到真空系統中的情形。如圖 3.27 所示，為擴散幫浦內部可能產生油蒸氣流回到真空系統中的各種不同位置。歸納在此些位置造成油蒸氣回流的機制為：

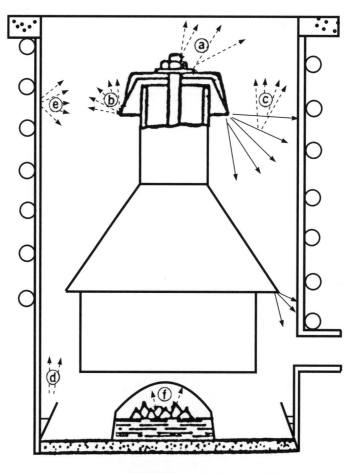

圖 3.27　擴散幫浦中回流的油蒸氣來源

(A)油蒸氣分子被散射回至真空系統

例如油蒸氣分子在噴出時與噴口邊緣或與幫浦內壁碰撞，及蒸氣噴流中蒸氣分子互相碰撞等均可能使油蒸氣分子被散射回至真空系統。

(B)混在蒸氣噴流中的油粒子或冷凝的油再蒸發

如果蒸發太激烈蒸氣噴流中會混有油粒子，此些油粒子落在幫浦內壁與噴流塔之間而變為蒸氣飄回至真空系。或蒸氣噴流遇幫浦內壁冷卻成油流下時，在接近幫浦下部鍋爐附近因溫度較高而再蒸發成蒸氣回至真空系統。

(C)回移（back migration）

回移為蒸氣噴流在靠近擴散幫浦的上端噴在幫浦內壁上而冷凝。此冷凝的幫浦油會沿幫浦內壁向上爬升（creeping）至擴散幫浦的進氣口附近。因該處壓力較低故再蒸發為蒸氣流到真空系統中。回移的結果仍為油蒸氣回流至真空系統，故一般均將其併入油蒸氣回流內考慮。

(2)反向擴散（back diffusion）

氣體被抽向幫浦的路程中經擴散回到真空系統中為反向擴散。高真空幫浦因其操作在分子流範圍，氣體分子作任意運動經反向擴散回到真空系統中。反向擴散的氣體與抽出者相同並不會造成真空系統污染，故並不影響真空系統的清潔度。

(3)消除或減低蒸氣回流

蒸氣回流對於真空系統的品質影響很大，故新型的擴散幫浦均有消除或減低蒸氣回流的裝置。擴散幫浦除有些幫浦內部設計有若干可消除或減低蒸氣回流的裝置外 *12*，原則上大多數均用以下所述的冷卻阻擋（cold baffle）及冷凍陷阱（cold trap）裝設於真空系統與擴散幫浦間以消除或減低蒸氣回流。經過此些裝置後，油蒸氣回流至真空系統的量已降至可以忍受的程度。

---

12 商品擴散幫浦有此裝置者會有詳細敘述，在此不作介紹

7.冷卻阻擋及冷凍陷阱

利用冷卻面將回流的油蒸氣冷凝為液體（油）而消除或減低回流至真空系統油蒸氣的量。此種裝置稱為冷卻阻擋。實際上不論何種型式的冷卻阻擋均不可能百分之百的消除油蒸氣，因為冷卻阻擋會造成很大的氣流阻抗，若百分之百的消除油蒸氣，則真空系統中的氣體也無法被抽出。因此設計冷卻阻擋常作以下的考慮：

(1)冷卻阻擋的要求

　(A)合理的氣流阻抗

　(B)冷凝的油要流回幫浦中

　(C)總冷卻面大

　(D)冷卻的溫度應可使油蒸氣冷凝成液態，但不能使油蒸氣或其他氣體冷凝成固態

(2)冷卻阻擋的最佳化設計為

　(A)幫浦的抽氣速率受冷卻阻擋氣流阻抗的影響而減低的程度不大於 40%

　(B)油蒸氣回流量應小於約 1×10^{-7} 毫克／（厘米^2・分）

(3)冷卻阻擋的型式

冷卻阻擋以其冷卻面的設計而有各種不同的構造，常用者為山形（chevron type），但亦有較簡單的構造者，茲分述於下：

(A)山形

如圖 3.28 所示，冷卻阻擋的冷卻面係以排列的山形板組成，此種設計亦稱為光學式（optical type），即光線不能直接射過此冷卻阻擋，或稱為光密（optical dense）設計。

(a)V 形

一擊式（one-hit type），此種型式山形板的斷面為 V 字形，蒸氣分子以直線飛行至少撞擊山形板一次，故稱為一擊式。若蒸氣分子撞擊山形板一次而未被冷凝則有可能穿過冷卻阻擋而回流到真空系統中，故此種型式的冷卻阻擋減低油蒸氣回流的比例稍低。

(b)Z 形

二擊式（two-hits type），此種型式山形板的斷面為 Z 字形，蒸氣分子以直線飛行撞擊山形板一次後若未被冷凝，則此蒸氣分子被反射又撞擊山形板一次，故稱為二擊式。蒸氣分子經二次撞擊而不被冷凝的機會很小，因此二擊式的冷卻阻擋減低油蒸氣回流的比例較高。

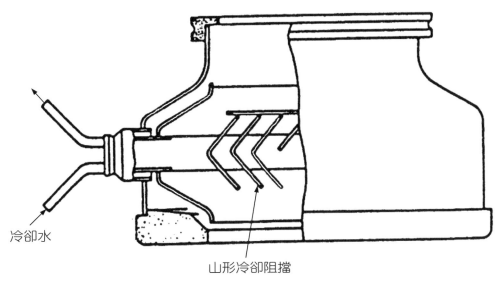

冷卻水

山形冷卻阻擋

圖 3.28　山形冷卻阻擋

(B)其他型式

如圖 3.29 所示，包括有冷卻板（Cold panel），冷指（cold finger），冷卻水管如盤旋管（spiral piping）等。

(4)冷凍陷阱

幫浦液經高溫蒸發時，有些分子會破裂成為氣體分子碎片（fragment），此些碎片一般多屬氣體物質而不會被水冷卻。此外如上述的水冷卻阻擋的設計亦有少量的油蒸氣未被水冷卻。避免此些氣體及蒸氣回流到真空系統，擴散幫浦除冷卻阻擋外並加一以液態氮冷卻的冷凍陷阱利用液態氮的低溫將此些氣體及蒸氣冷凍成固體予以陷捕。

(A)液態氮冷凍陷阱

　　冷凍陷阱的作用與冷卻阻擋者不同，冷凍陷阱利用低溫冷凍面將氣體或蒸氣凍為固體陷捕在裝置內，而冷卻阻擋利用水溫冷卻面將氣體或蒸氣冷卻為液體滴回至幫浦內。

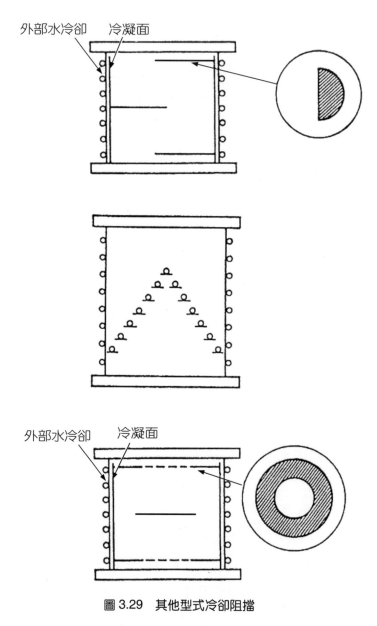

圖 3.29　其他型式冷卻阻擋

(a)冷凍陷阱的構造

　　冷凍陷阱具有用液態氮冷卻的冷凍面，氣體或蒸氣在其上被冷凍為固體。冷凍面間有可供被抽氣體通過的空間，液態氮可裝於中心位置的容器內，或環繞在冷凍面四週的容器槽內。冷凍陷阱的構造如圖3.30 所示。

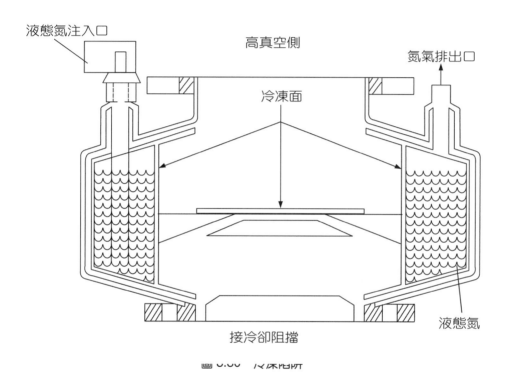

図 3.30　冷凍陷阱

(b)冷凍陷阱的操作要領

　　冷凍陷阱使用時其液態氮應保持一定的液位高度，通常液位高度下降至 1/3-2/5 時即應補充。液態氮容器槽應有洩壓裝置或有直接排氣出口。如真空系統的潔淨要求不太高，可不用冷凍陷阱（即不充入液態氮）而僅用冷卻阻擋即可。但若已經使用冷凍陷阱，則應維持操作至整個工作完畢停機為止，否則若半途停止補充液態氮則被陷捕在冷凍陷阱裝置內的氣體或蒸氣會被釋放逸出而使真空系統受污染。

(B)冷凍陷阱的再生

　　　　若氣體或蒸氣在冷凍陷阱的冷凍面上凍為固體，則因固態的氣體或油蒸氣為熱絕緣體故其冷凍的功效即減低或消失。冷凍陷阱的功效減低或消失，不但影響擴散幫浦的抽氣速率，而且會造成油氣回流使真空系統受污染，因此使用冷凍陷阱一段時間後即應予以再生。

　　　　再生的方法為加熱，有些冷凍陷阱的設計內部有加熱器，故可直接加熱。但很多冷凍陷阱並無內部加熱裝置，此種型式需外部加熱。再生時先使冷凍陷阱的液態氮完全蒸發後冷凍陷阱回到室溫，有些固化的氣體即變回氣體而逸出。油蒸氣凝固後雖然回到室溫亦僅以液態黏著在冷卻面上，因此要加熱至高溫才能使油變成蒸氣逸出。有些冷凍陷阱的設計為可拆式，即可從幫浦上拆下清潔其內部者，此種設計可撤底清潔黏附在冷凍面上的油而可不必加高溫故較加熱法有效，但拆卸較麻煩且可能造成漏氣。

8.擴散幫浦的幫浦液

　　擴散幫浦的幫浦液在幫浦內因經過蒸發及冷凝的循環，此過程與液體純化過程相同，其結果為幫浦液在幫浦內有自我純化（self-purifying）的作用。因為幫浦液會自我純化，故除非幫浦液被嚴重污染或與某些氣體起化學作用變質外，幫浦液並無更換的問題。但如上述幫浦液經高溫蒸發時，有些分子會破裂成為氣體分子碎片，而大部分均被前段幫浦抽除，故擴散幫浦長時間使用後其幫浦液會漸漸減少而有補充的需要。

(1)常用擴散幫浦的幫浦液（油）

　　　　擴散幫浦的幫浦液（油）常用者如水銀，矽油（silicone oil），多苯醚（polyphenyl ether），超氟化多元醚（perfluorinated polyether），及碳氫（hydro-carbon）化合物類等。

　　　　水銀為最早用於擴散幫浦的幫浦液，以其原子量大，為單原子分子，且經高溫不會分解，故可適合用於擴散幫浦。但水銀蒸氣會被氧化，與多數金屬會化合成為汞齊（amalgam），故應避免水銀蒸氣回流至真空系統造成污染。又水銀蒸氣具有毒性，使用時必須小心不可使其外洩。水銀蒸

氣的蒸氣壓高，故用水銀的擴散幫浦必須用液態氮冷凍陷阱。矽油為一種
高分子油，其蒸氣壓甚低，且具高安定性不易氧化，現為最普遍用的幫浦
液。矽油的缺點為其蒸氣若在有帶電荷粒子如電子或離子撞擊時會有分子
聚合（polymerization）的現象，而產生一層矽酸類絕緣膜（silicate insul-
ation film）。若此絕緣膜附著在導體如電極，電導線等上則會造成導電不
良。多苯醚如商品稱為 Ultralen，或一種混合五環多苯醚（mixed 5-ring
polyphenyl ether）商品稱為 Santovac5 者亦為蒸氣壓甚低的高分子油可代
替矽油，但亦有受帶電荷粒子如電子或離子撞擊產生碳氫類聚合體絕緣膜
的情形。超氟化多元醚如商品稱為Fomblin者則無上述的被帶電荷粒子如
電子或離子撞擊時會有分子聚合的情形，其可用於腐蝕性氣體如UF_6等。

(2)常用幫浦液的蒸氣壓（毫巴）如下 [13]

　　　　Mercury2.6×10^{-3}

　　　　DC704（silicone oil）2.6×10^{-8}

　　　　DC705（silicone oil）4×10^{-10}

　　　　Fomblin（perfluorinated polyether）9×10^{-9}

　　　　Santovac 或 Convelex（polyphenyl ether）2.5×10^{-9}

　　　　Ultralen（polyphenyl ether）1.8×10^{-9}

　　　　Apiezon A（hydrocarbon oil）2.7×10^{-5}

　　　　Apiezon B（hydrocarbon oil）6×10^{-7}

(3)補充及更換擴散幫浦的幫浦液

　　　　原則上擴散幫浦停用時均將幫浦進氣口的隔斷閥（isolation valve）關
閉維持幫浦在高真空以避免空氣及水氣進入使幫浦油氧化或變質。擴散幫
浦的幫浦液如屬碳氫化合物類，則會被氧化變質，又其受高溫蒸發時易分
解。一般常用的矽油等則無此問題，但因分解或部分較高蒸氣壓的成分被
抽除仍會使幫浦油的量減少。

(A)更換幫浦液

---

[13] 為室溫 20℃ 時的蒸氣壓，此數據各有關文獻所列稍有差異

如前述擴散幫浦的幫浦液在幫浦內有自我純化的作用並無更換的問題。但若幫浦液被嚴重污染或與某些氣體起化學作用而變質則需要更換。擴散幫浦並無加油口，幫浦液的更換必須將幫浦從真空系統拆開，將其中舊油倒出後再以規定的油量從幫浦進氣口注入，新幫浦加幫浦液時亦如此。倒出舊油時通常均要將幫浦內的噴餾塔拆出，新油注入後再裝回。應注意裝回噴餾塔時位置必須正確，否則會影響幫浦的抽氣速率。

(B)補充幫浦液

補充擴散幫浦的幫浦液原則上與更換新油者相同，即從幫浦進氣口注入所需加適量的油。但此過程既複雜且裝拆不慎會造成漏氣，故一般使用者多不用此法。一種取巧的補充幫浦液的方法為將擴散幫浦的前段管路拆開，而在幫浦的排氣口注入所需加適量的油後再將管路裝回。因前段管路裝拆簡單，而油從排氣口會自動流至幫浦的加熱器，故用此法較簡便。

3.3.2 結拖幫浦

結拖幫浦（getter pump）係一種貯氣式幫浦，其原理為利用一種物質可與氣體起化學作用生成固體而產生幫浦的作用者。

原則上要利用此原理製成真空幫浦並非單純將此種物質放置在真空系統中即可，即其必須要有符合真空幫浦的條件。

1. 幫浦作用

一種材料可製成真空幫浦的元件，此元件與氣體起化學吸附作用生成固體而達到抽真空的效果，或幫浦作用（pumping action）。

(1)化學吸附

化學吸附（chemisorption）為表面化學吸附（Chemical adsoption）的簡稱，其吸附作用在固體的表面。用於真空幫浦的化學吸附物質因除具有化學吸附的性質外，尚有其他必要的性質如下述，故在真空技術上用另有一名詞結拖（getter）以代替化學吸附。

(2)結拖

　　　結拖作為名詞為一種材料，其可與大多數氣體及蒸氣結合成為具有低蒸氣壓的固體者。結拖當作動詞為利用此種結拖材料以抽大多數氣體及蒸氣的機制。

2. 用作幫浦的結拖應具備的性質

　　　用作幫浦的結拖應具備下列的性質：

(1)可與大多數氣體及蒸氣起化學作用[14]

(2)結拖材料在結拖作用前後均維持一定的結構

(3)結拖材料及其與氣體或蒸氣結拖生成化合物的蒸氣壓均很低

(4)結拖材料及其與氣體或蒸氣結拖生成的化合物在高溫均不會分解

3. 結拖的型式

(1)閃燃結拖

　　　閃燃結拖（flash getter）亦稱為散布結拖（dispersal getter）或接觸結拖（contact getter）。通常為紅磷（red phosphor），鹼土金屬（alkali earth metals）及其化合物，鋇（Ba）及其合金等。閃燃結拖一般多用於閉合式真空系統如電子管，真空保溫等裝置，將其封入真空系統中隨時與系統中產生的氣體作用變成固體而維持系統中的真空度。

(2)塗附結拖

　　　塗附結拖（coating getter）係將糊狀氫化鋯（ZrH_4）粉塗附在電極上於真空中加熱至 800℃ 將氫氣（H_2）釋放而留下鋯（Zr）。鋯即為符合上述用作幫浦的結拖材料。

(3)整體結拖

　　　整體結拖（bulk getter）亦稱為不蒸發結拖（non-evapouration getter）或固體結拖（solid getter）。固體如片狀，條狀等的高溫金屬（refractory metals），如鉭（Ta），鈮（Nb），鋯（Zr），鉬（Mo），鎢（W）等以固體形態作為幫浦。結拖時要加高溫以使反應生成物擴散入固體內部而

---

[14] 並非所有氣體均可產生化學作用，惰性氣體（inert gas）即為不起化學作用的氣體

保持其表面新鮮繼續供結拖作用。不同種結拖材料其要求所加的溫度不同。而抽不同氣體其要求的操作溫度亦不同。

4. 幾種常用的結拖材料對不同氣體的反應

(1) Zr

室溫〜400℃：抽 H_2

200〜250℃：抽水蒸氣

880℃：釋放 H_2（H_2在此溫度氫不存在）

1100℃：抽 O_2

1400℃：抽 O_2，N_2，CO，與 CO_2較佳

1530℃：抽 N_2

(2) Ti

室溫〜400℃：與 H_2形成不穩定之 TiH_2

500℃：釋放 H_2

700℃：抽 O_2，N_2，CO，與 CO_2（90%）形成 TiO_2，TiN，TiCO 與 $TiCO_2$。

800℃：在此溫度氫不存在於 Ti

1200℃：在此溫度氫由下機制釋放出

$$H_2O + Ti \rightarrow TiO + H_2 \ ; \ CH_4 \rightarrow C + 2H_2$$

(3) Ta

600〜1200℃：抽 O_2，N_2

800℃：抽 H_2（Ta 結拖 740 倍其體積之氫）

5. 結拖的理論抽氣速率

$$S_g/A = 3.64f \, [\, T \, / \, M \,]^{1/2} \quad 公升／秒 \cdot 厘米^2$$

式中 A 為結拖面，M 為要抽氣體的莫耳質量，f 為黏著係數（sticking coefficient）

$$f = (\phi_0 - \phi_r)/\phi_0$$

式中 ϕ＝分子通量（molecular flux），0 代表打到結拖面的氣體分子，r 代表從結拖面反射的氣體分子

　　例如：在 300K 溫度 N_2 氣體

$$S_g/A = 3.64 \times 0.3[300/28]^{1/2} = 3.5 \quad 公升／秒・厘米^2$$

6.商品不蒸發結拖幫浦

　　不蒸發結拖幫浦係固體幫浦，其利用高溫金屬如鋯或其合金製成片狀或條狀的結拖材料來產生表面化學吸附，而並不將其蒸發，故稱為不蒸發結拖幫浦。

(1)幫浦的構成

　　SAES 公司的商品編號 ST.101 不蒸發結拖幫浦係用 84%Zr 與 16%Al 的粉狀合金塗附在康銅（constantan）片上組合成卡式的結拖材料裝設於具有加熱裝置的幫浦本體內，如圖 3.31 所示。

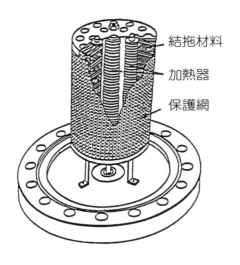

結拖材料
加熱器
保護網

圖 3.31　不蒸發結拖幫浦

不蒸發結拖幫浦，若僅在常溫操作，顯然當材料表面全部與氣體作用形成固體化合物後，因為表面被其覆蓋故此整塊材料即失去結拖氣體的功效。因此，不蒸發結拖幫浦必須利用擴散原理將結拖生成的固體化合物加熱擴散至整塊材料的內部，而使結拖材料表面維持在未起化學吸附的新鮮狀態。如上圖所示，幫浦中有幾組鎢絲可通電流發熱將結拖材料加熱至1000℃以上的高溫以進行擴散。

(2)幫浦的操作及其應用

不蒸發結拖幫浦操作時應在真空度較高時，例如在 10^{-5} 毫巴範圍先加熱除去幫浦內物理吸附的氣體，即所稱的加熱放氣（outgassing），然後至真空度達到預定起動此幫浦的壓力時，再將幫浦操作在高溫進行不蒸發結拖。

不蒸發結拖幫浦因所用的結拖材料為蒸氣壓甚低的高溫金屬或合金，故無金屬蒸氣污染真空系統的問題。一般的應用係配合其他高真空幫浦提昇真空度，特別適合要求高標準電絕緣或有透明視窗的真空系統。

7. 鈦昇華幫浦

鈦昇華幫浦（Ti-sublimation pump）的原理為加熱使鈦金屬或其合金直接昇華成蒸氣而在氣態及蒸氣冷凝回固態後均可產生結拖氣體的作用的結拖幫浦。鈦昇華幫浦的商品有鈦燈絲及鈦球兩種。

(1)鈦燈絲（Ti-filament）式

係用鈦鉬（Mo）合金（85%Ti＋15%Mo）製成燈絲每根含鈦量為1.2克，操作時直接將燈絲通過電流發熱而使鈦昇華。昇華的鈦蒸氣最後附著在幫浦外殼的內壁上凝結成鈦膜。鈦燈絲的構造如圖3.32所示。

(2)鈦球（Ti-ball）

係用鈦製成空心球體，在球內另以加熱燈絲加熱而使鈦昇華。昇華的鈦蒸氣最後附著在幫浦外殼的內壁上凝結成鈦膜。鈦球的構造如圖3.33所示。

(3)鈦昇華幫浦的操作

鈦昇華幫浦的操作與不蒸發結拖幫浦類似，即應在真空度較高時，例如在 10^{-5} 毫巴範圍先加熱放氣，然後至真空度達到預定起動此幫浦的壓力

時，再將燈絲通過電流加熱使鈦金屬或其合金昇華成蒸氣。應注被意其燈絲加熱係間歇性並非長時間連續加熱。即加熱一短時間 Δt 使鈦金屬或其合金昇華成蒸氣，然後等一時段 t，此時昇華成蒸氣的鈦進行結拖抽氣，然後再重覆此加熱昇華及結拖抽氣的程序。此操作程序在儀器的電源控制器中已設定自動操作故並不須人工控制。

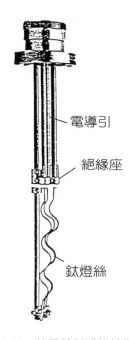

電導引

絕緣座

鈦燈絲

圖 3.32　鈦昇華幫浦的鈦燈絲

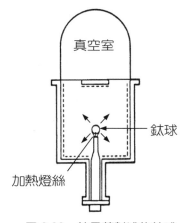

真空室

鈦球

加熱燈絲

圖 3.33　鈦昇華幫浦的鈦球

8.結拖幫浦的問題

　　並非所有氣體均可產生化學作用，惰性氣體即為不起化學作用的氣體，而結拖係為化學吸附，故結拖幫浦理論上並不能抽惰性氣體。鈦昇華幫浦雖稱有抽惰性氣體的情形，其抽氣機制為陷捕（trapping），即鈦蒸氣在幫浦器壁上凝結時將附著在其上的惰性氣體掩埋捕捉。一般鈦昇華幫浦常在幫浦外殼加冷卻設備如冷卻水管或液態氮冷卻罐等，其原因即為使被陷捕的氣體分子在低溫下動能減低，故不致突破陷捕而逸出。

　　結拖幫浦的結拖材料係消耗性，故有一定的壽命。不蒸發結拖幫浦中的鈦板係卡式故壽命到時可抽換鈦板。同樣，鈦昇華幫浦的絲或球亦可更換，但幫浦外殼內壁上凝結的鈦膜太厚時則需另作處理。

3.3.3 撞濺離子幫浦

　　撞濺離子幫浦（sputter ion pump）簡稱為離子幫浦（ion pump），其抽氣的主要原理亦為結拖，而結拖材料亦與上述的結拖幫浦者同，即低蒸氣壓的高溫金屬如鈦，鉭等。但其利用結拖材料的方法不用加熱昇華或加熱擴散等方法而係利用離子撞濺（ion sputtering）技術濺射出結拖材料的原子以結拖氣體。

1.撞濺

　　撞濺（sputtering）為以帶有能量的離子撞擊固體表面，而將固體中的原子濺射出為中性原子或帶電荷離子的機制。

(1)撞濺的理論

　　撞濺的理論頗為複雜，在此不擬詳細討論，僅就實用上產生撞濺的理論作簡單敘述。雖然撞濺為以帶有能量的離子撞擊固體表面，但其機制與以帶有能量的電子撞擊固體表面使物質蒸發者不同。撞濺過程並不產生高溫，被濺射出的原子或離子並非被高溫蒸發出的蒸氣。撞濺與所用離子的質量有關，一般而言大質量的離子產生撞濺的效果較大。撞濺與所用離子的能量亦有關，離子的能量必須超過門檻能量（energy threshold）才會產生撞濺作用。

⑵撞濺產率（sputtering yield）

　　　　撞濺產率的定義為每一撞擊的離子可濺射出中性原子或帶電荷離子的數目。換言之，撞濺產率代表撞濺的效果。撞濺應用在高科技的範圍甚廣，本書僅就其用於真空幫浦作介紹。

2.二極離子幫浦

　　　　傳統的撞濺離子幫浦為二極離子幫浦（diode ion pump）其主要構造如圖3.34所示，因為幫浦僅有陽極與陰極故稱為二極離子幫浦。

　　　　此幫浦具有兩片鈦金屬板製成的陰極（cathode），在兩片陰極板間有多數個不銹鋼圓柱筒體（cylindrical cells）的陽極（anode）。兩片陰極板互相電連通並接於電源供應器的負輸出端，而多數個圓柱筒體陽極則互相電連通並接於電源供應器的正輸出端。此陽極與陰極係絕緣支撐裝設於一不銹鋼長方形盒體內，盒體頂端為連接真空系統的幫浦口。盒體外部設有永久磁鐵產生相對陽極與陰極電場方向平行的磁場。磁場的磁場強度（field intensity）[15]約在1000～2000高斯間，視幫浦的大小而定。通常電場所加的直流高電壓約在3000～5000伏特間，亦視幫浦的大小而定。

3.撞濺離子幫浦的抽氣作用

　　　　傳統的二極離子幫浦的抽氣作用（pumping action）包括以下各過程：

⑴產生離子

　　　　空間電子在磁場與電場作用下碰撞氣體分子使其電離。

⑵離子加速

　　　　離子在高電場下向陰極加速。

⑶撞濺

　　　　鈦原子被離子撞濺由陰極濺射出附著於陽極。

⑷結拖

　　　　氣體分子（或離子）被鈦原子結拖，結拖可在陰極，空間，或陽極發生。

---

[15] 磁場強度的國際單位為特士拉（tesla 簡稱為 T），舊單位為高斯（gauss 簡稱為 G），
　　$1G = 1 \times 10^{-4}T$

(5)惰性氣體掩埋

惰性氣體如氬，氖，及氦氣等不會被結拖，但會被電子電離成離子。惰性氣體離子加速至陰極而被掩埋在鈦原子間。亦有部分鈍氣分子附在陽極上，而被濺射出的鈦膜覆蓋掩埋。

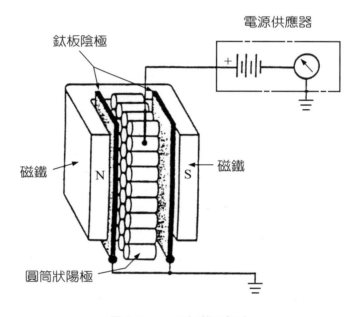

圖 3.34　　二極離子幫浦

4. 氬不穩定性

在陰極被掩埋在鈦原子間的惰性氣體分子聚集較多時會形成一分子群（packet），當此惰性氣體分子群上覆蓋的鈦被離子撞濺時，惰性氣體即被釋放而形成突增的壓力。此種情形特別對於氬氣最為顯著，因氬在大氣中的成分較其他惰性氣體為高，且氬氣分子亦較大，故此現象被稱為氬不穩定性（Argon instability）。為解決此二極離子幫浦的缺點，因而有下述的三極離子幫浦產生。

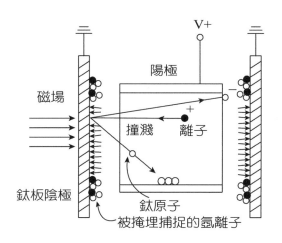

圖 3.35　二極離子幫浦的抽氣作用

5.三極離子幫浦

　　三極離子幫浦（triode ion pump）的主要構造如圖 3.36 所示。其陰極改為互相電連接的多數根鈦條並接於−5000 伏特的直流電源。其陽極仍為不銹鋼圓柱筒體，但係接地（零電位）。幫浦的不銹鋼外殼設為另一電極亦接於零電位，係用以收集離子電流者，稱為收集極（collector）。其外加磁場與二極離子幫浦者相同，即磁場強度在 1000～2000 高斯間，而磁場方向與電場方向同。因為此幫浦有三個電極故稱為三極離子幫浦。

6.三極離子幫浦的抽氣作用

　　三極離子幫浦的抽氣作用基本原理與二極離子幫浦者同，僅其幫浦構造設計改變可對抽惰性氣體較為有效。

(1)幫浦的抽氣作用

　　氣體被離子化後，離子被加速撞擊鈦條陰極將鈦原子濺射出附在陽極。有一部分氣體的離子其撞濺效果較差者如氫離子則在鈦條陰極被結拖。有一部分氣體分子在空間被鈦原子結拖，而大部分氣體分子則在陽極被鈦結拖。

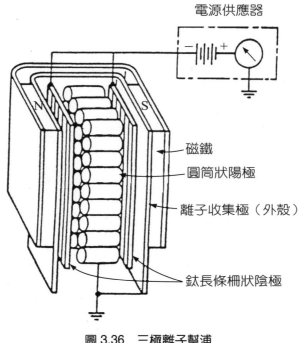

電源供應器

磁鐵
圓筒狀陽極
離子收集極（外殼）
鈦長條柵狀陰極

圖 3.36　三極離子幫浦

(2)抽惰性氣體的機制

　　三極離子幫浦抽惰性氣體的機制為，離子被電場加速向陰極飛行，一部分氣體的離子直接穿過鈦條的空間而落在幫浦外殼的離子收集極上。另一部分撞擊鈦條後除被結拖外，散射亦落在幫浦外殼的離子收集極上。此落在離子收集極上的離子包括有惰性氣體離子，如氬離子的電荷被中和而恢復成氣體分子附著在離子收集極上。氬氣分子隨即被濺射出的鈦原子覆蓋掩埋。因為從鈦條陰極至離子收集極間的電場為與離子加速電場相反者，即為減速電場，故穿過鈦條的空間而落在離子收集極上的離子能量被消減。因此，惰性氣體分子上覆蓋的鈦被離子撞濺使掩埋的氬逸出的機率大為減低。三極離子幫浦抽惰性氣體的機制舉例說明如圖 3.37 所示。

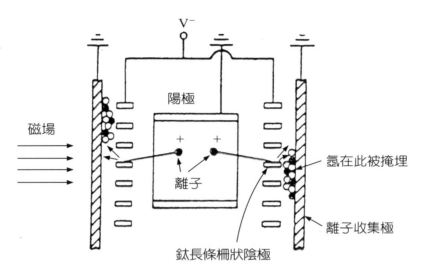

圖 3.37 三極離子幫浦抽氫氣的情形

(3)惰性氣體離子幫浦

　　一般商品的三極離子幫浦常又被稱為惰性氣體離子幫浦，實際上應瞭解撞濺離子幫浦並不適合用來抽惰性氣體。即使三極離子幫浦亦僅係能抽少量的惰性氣體而已，其效率較其他類可抽惰性氣體的幫浦為低。

　　比較二極離子幫浦與三極離子幫浦對惰性氣體相對一般氣體的抽氣速率如下：

被抽的氣體	二極離子幫浦	三極離子幫浦
N_2	1	1
Ar	1%	24%
He	10%	30%

7. 離子幫浦的抽氣速率及最終壓力

　　離子幫浦的操作壓力約在 10^{-5} 至 10^{-10} 毫巴範圍，各種不同的設計此範圍可延伸至較高或較低的壓力。其抽氣速率則隨壓力變化而最終壓力亦與幫浦的設計有關。

(1)抽氣速率

　　離子幫浦的抽氣速率隨壓力變化的情形如圖 3.38 所示，圖中顯示二極離子幫浦與三極離子幫浦抽空氣時及三極離子幫浦抽氫氣時的抽氣速率隨壓力變化的曲線。通常在幫浦的操作壓力範圍內抽氣速率變化不大，當壓力接近幫浦的最終壓力時則抽氣速率迅速下降。離子幫浦的抽氣速率曲線係由磁場強度大小，電場電壓高低，及陽極圓柱筒體的直徑對長度比所決定。

(2)最終壓力

　　離子幫浦的最終壓力受幫浦的構造及所抽氣體的種類所限制。在真空度接近超高真空時，真空系統內僅剩小分子氣體如氫氦等，而小分子質量輕其撞濺效果甚低或不能產生撞濺作用，故此時已達到最終壓力[16]。

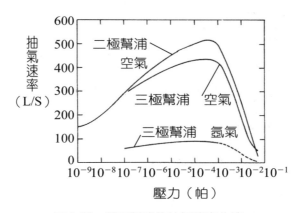

圖 3.38　離子幫浦的抽氣速率曲線

8.離子幫浦的起動

　　離子幫浦除第一次按裝時或因某特殊原因而使幫浦內進入大氣壓力外，原則上不論暫時真空系統停機或繼續維持真空，離子幫浦均應保持在高真空。故離子幫浦的起動通常多用下述的冷起動。

---

[16] 如前述氫氣在室溫～400℃ 與鈦形成不穩定之 TiH_2，被結拖的氫亦會分解被釋放

⑴熱起動（hot starting）

　　離子幫浦的熱起動係在壓力較高的情況下起動，起動時幫浦會產生熱故稱為熱起動。由圖 3.39 離子幫浦的電流，電壓及功率曲線可說明離子幫浦熱起動的情形。離子幫浦中若進入大氣壓力則應先由粗略真空幫浦將壓力抽至約在 10^{-3} 毫巴範圍。此時將離子幫浦的電源控制器選擇起動（start）的位置。雖然高壓電己加在幫浦的電極上，但在此壓力下幫浦內發生輝光放電（glow discharge）。在放電的情況為兩極間離子電流很大，一般的離子幫浦此電流可達數百毫安培（mA）。因為此電流的流通使兩極間的電阻很小，故電場的電壓很低，通常約為毫伏特（mV）。離子在此電場中獲得的能量亦很低，故在此階段幫浦內並無離子撞濺的情形，換言之，此時離子幫浦並無幫浦作用。因為幫浦的功率為電流乘電壓，故此時離子幫浦的功率亦不高。因為大電流的流通，幫浦開始發熱而將其中物理吸附的氣體及可能的污染釋放出，故壓力反而升高。在此階段應保持粗略真空幫浦的抽氣以使此釋放出的氣體等被抽除，使壓力再下降至 10^{-3} 毫巴範圍。當壓力繼續下降輝光放電漸減弱，離子電流亦下降而電場的電壓

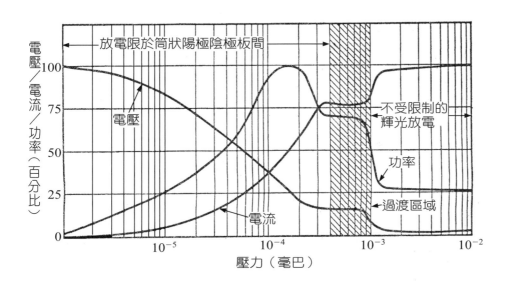

圖 3.39　離子幫浦的電流，電壓及功率曲線

開始上升，此時離子幫浦中已有離子撞濺的幫浦作用。壓力抽至 10^{-4} 毫巴範圍時為過渡區域，輝光放電漸消失，壓力繼續下降而幫浦也逐漸冷卻。壓力進入 10^{-5} 毫巴範圍時應停止粗略真空幫浦抽氣。當離子電流降至低於毫安培，而電場的電壓逐漸上升至其額定的高壓時，熱起動已完成，真空系統便由離子幫浦繼續抽氣。

(2)冷起動（cold starting）

真空系統原則上不論暫時停機打開放入大氣，或部分打開更換工件，部分繼續維持真空，通常用一隔斷閥將離子幫浦的抽氣口關閉使其保持在高真空。若真空系統停機打開放入大氣，則先用粗略真空幫浦將系統壓力抽至約在 10^{-3} 毫巴範圍，然後起動離子幫浦。因為離子幫浦係保持在高真空，故可逕由冷起動離子幫浦而達到用其抽整個真空系統的目的。所謂冷起動係將隔斷閥慢慢打開讓幫浦逐漸地抽真空系統的氣體，故幫浦不會發熱。幫浦內的壓力逐漸升高，而真空系統的壓力則繼續降低，最後幫浦與真空系統的壓力趨近相等，此時將隔斷閥完全打開即完成冷起動。

9.離子幫浦的壽命，幫浦可能的污染及雜訊

離子幫浦基本上係利用結拖抽氣，故結拖材料消耗至不能再用時即為幫浦的壽命終了。因為幫浦內有撞濺過程，其結果會有鈦被撞濺產生小碎片遺留在幫浦內，或者鈦薄膜污染幫浦甚至真空系統。又因幫浦內有離子運動，此離子會造成附近偵測系統的雜訊。

(1)離子幫浦的壽命

二極離子幫浦的陰極為鈦板，其鈦被撞濺的情形為在相對圓柱筒體陽極的位置陰極板上形成的錐狀的凹陷部。事實上鈦材料的利用僅此部分，當此錐狀凹陷部的深度超過鈦板厚度 1/2，則幫浦的抽氣速率即變低。實際應用時未達到鈦材料消耗至錐狀凹陷部穿過鈦板時，幫浦已接近失效，故此時應可認為其壽命終了。三極離子幫浦的陰極為鈦條，被撞濺的鈦部分若達鈦條厚度 1/2 以上，同樣幫浦的抽氣速率即變低，而且鈦條強度減弱容易斷裂，故此時亦可認為其壽命終了。因為陰極構造的不同，通常三極離子幫浦的壽命約為二極離子幫浦的一半。一般而言，離子幫浦的壽命

與幫浦操作的壓力範圍有關，若經常維持在超高真空範圍，如圖 3.38 的電流所示，在此真空範圍離子電流極小約在微安培（μ）範圍，實質上鈦被撞濺的量極低，故幫浦的壽命可很長。著者曾使用一離子幫浦操作在 10^{-7} 至 10^{-8} 毫巴範圍，經過三年仍相當有效。

(2)幫浦可能的污染

幫浦內可能的污染除鈦被撞濺產生小碎片或鈦薄膜污染幫浦特別如電極的絕緣體外，在電子撞擊氣體分子及離子撞濺過程會有氣體分子分解其產物造成污染的情形。例如甲烷，一氧化碳等氣體被分解產生碳等。此外，亦可能氮在鈦表面形成氮化鈦（TiN），此污染膜不被離子濺射故使陰極的有效面積變小。

(3)離子雜訊（ion noise）

當離子幫浦操作在較高的壓力範圍，因為離子電流較大，離子的運動會造成背景信號，對於附近的電子偵測系統會產生雜訊。此離子雜訊可用一接地的金屬網裝設在幫浦口予以消除。

10.離子幫浦的優缺點

撞濺離子幫浦具有很多優點，因此很多高真空與超高真空的儀器或設備尤以高料技研發用者多以其為主要維持真空度的幫浦。以下將簡單敘述離子幫浦的優缺點：

(1)優點

(A)有自動安全裝置，幫浦操作不需要人看守

利用控制幫浦內的離子電流可設定安全限制。若幫浦或真空系統中因不明原因而壓力突然上升，離子電流亦立即上升，當壓力（離子電流）到達設定的極限時，控制電路即自動將幫浦停機。但若真空系統電源突然發生故障或被切斷，此時幫浦雖無電源但仍處在操作狀態。俟電源恢復時若真空系統中的真空度仍保持在正常情況，則幫浦繼續操作不受影響。若真空系統未能保持在正常情況，而其壓力已超過安全極限，則控制電路即自動將幫浦停機。

(B)適用於清潔真空系統

離子幫浦內並無任何機械運動，故不需潤滑油。幫浦為貯氣式故不需前段幫浦。因此，離子幫浦可用於抽高度潔淨的真空系統。

(C)清靜無聲

離子幫浦內並無任何機械運動，亦不需前段幫浦，故其運轉清靜無聲。

(D)可兼作真空計

離子幫浦內的離子電流代表氣體的分子密度，故可用來間接測定壓力，即亦可兼作真空計。

(E)無振動

離子幫浦內並無任何機械運動，亦不需前段幫浦，故其為一靜止幫浦不產生振動。

(F)耗電量甚小

如圖3.38的離子電流及功率曲線所示，在高真空至超高真空範圍，離子電流極小約在微安培範圍，而電源供應的功率亦很低，故離子幫浦正常操作耗電量甚小。

(G)正常操作壽命極長

此點已在上節說明。

(2)缺點

撞濺離子幫浦基本靠結拖材料抽氣，故材料消耗太快的操作較不適宜。以下所列的缺點除抽惰性氣體外均係以此為考量，但並非離子幫浦不能用於此等系統。

(A)不適合產生大量氣體的系統

(B)不適合有惰性氣體的系統

(C)不適宜操作在較高壓力或常開閉的真空系統

3.3.4 冷凍幫浦

冷凍幫浦（cryogenic pump 簡稱 cryopump）係一種以極低溫將氣體冷凍成固體貯於幫浦內的真空幫浦。以冷凍為基本抽氣原理的幫浦多以液態氦為冷凍介質，此類的冷凍幫浦因太過昂貴，維護保養不易，且對氫，氦等氣體並不有效故現很少有用者。本節將僅簡單說明此類冷凍幫浦，而將對現在較為實用的以超冷氦氣為冷媒的冷凍機冷卻式冷凍幫浦作詳細的介紹。

1.冷凍幫浦的抽氣機制

雖然以極低溫將氣體冷凍成固體為基本抽氣原理，但僅用此原理並不能有效抽小分子氣氣體，故實際上常用以下將討論的其他抽氣方法如冷凝吸附等組合應用。

(1)冷凝（condensation）

除氦氣外，所有的氣體在極低的溫度下均可能冷凍成固體。利用冷凍面將氣體冷凝於其上成為固體即為此抽氣的機制。顯然冷凍面為此抽氣機制的主要考慮，除幫浦構造設計要有大冷凍面外，氣體凝結成固體將冷凍面掩蓋住亦為重要考慮。因為固態氣體為熱絕緣體，當冷凍面完全被固體掩蓋住後則冷凍面的溫度即變成該固體的冷凝溫度，即冷凍面已失去其原有的冷凝能力。此外，被冷凝的固態氣體仍具有蒸氣壓，此為抽超高真空必要的考慮。

(A)氣體在冷凍面上凝結成固體厚度的速率

在壓力為 10^{-2}毫巴：10 厘米／小時

在壓力為 10^{-4}毫巴：10^{-2}厘米／小時

由上可見此凝結成固體厚度速率與幫浦操作的真空度有關。理論上冷凍幫浦雖然在較高壓力應亦可用，但其冷凍面很快被固體掩蓋而使幫浦失去作用，故原則上仍以壓力愈低時起動及操作愈有效。

(B)比較難固化的氣體在低溫的情況

(a)氖氣（Ne）

在 10K 冷凝為固體，其蒸氣壓為 10^{-4}毫巴

(b)氫氣（H_2）

在 14K 冷凝為固體，其蒸氣壓為 100 毫巴

在 10K 為固體，其蒸氣壓為 30 毫巴

在 4.2K 為為固體，其蒸氣壓為 10^{-7} 毫巴

在 3.5K 為固體，其蒸氣壓為 10^{-9} 毫巴

(c)氦氣（He）

在 4.2K 為液體，目前尚無僅用降低溫度使氦氣冷凍成為固體的報導。

(2)冷凍陷捕（cryo-trapping）

小分子氣體可用大分子氣體冷凝在其上而將其掩埋。利用此原理可抽小分子氣體，特別如氦氣，在低溫下被大分子氣體如氫氣所冷凍陷捕。例如在 4，2K 將一個氦氣分子冷凍陷捕約需要 30 個氫氣分子。此種抽氣的方法在實用上頗困難故未見有商品出售。

(3)冷凍吸附（cryosorption）

在前述抽粗略真空的吸附幫浦曾介紹過冷凍吸附，此處所用者原理完全相同，僅高真空及超高真空範圍要抽的氣體主要為小分子氣體，故吸附劑選擇 5X 的活性碳，因其對小分子氣體如氖，氦，及氫可有效吸附。通常冷凍吸附用在高真空及超高真空範圍係配合冷凝抽氣而並不單獨應用。

2. 冷凍幫浦的種類

實際已被真空設備採用的冷凍幫浦有三類，但除最後一類外因其造價昂貴及維持困難，故並不普及。

(1)液池式冷凍幫浦（liquid pool cryopump）

液池式冷凍幫浦以液態氦（LHe）為冷凍介質，故其冷凝溫度約為液態氦溫度，即 4.2K。此類冷凍幫浦構造簡單，不怕振動，冷凍能力強，又其可不用電源，故無任何的電或磁的干擾。但其對氫，氦等氣體並不有效，故僅在大型實驗設備如熱核融合設備有用此幫浦。

(2)連續流式冷凍幫浦（continuous-flow cryopump）

液池式冷凍幫浦消耗液態氦，維持費用很高，故一般多將液態氦蒸發的氦氣回收。連續流式冷凍幫浦以一套密閉的抽氣系統將氦氣連續抽出，

回收後送至壓縮機再製成液態氦循環使用。此循環系統將氦氣經壓縮膨脹等過程冷卻液化，並能獲得低於液態氦的溫度，如 3.5K。在此低溫即使氫氣其凝結成的固體蒸氣壓亦很低，故適合於超高真空系統的抽真空。但此種幫浦其構造複雜，造價昂貴及維持困難，故除大型美國國家實驗室外很少有用者。

(3)冷凍機冷卻式冷凍幫浦（refrigerator-cooled cryopump）

　　利用冷凍機原理而獲得低溫的冷凍機冷卻式凍幫浦的發明為近年來抽高真空及超高真空的一大突被。因為其構造並不複雜，操作及維護均方使，且價格適中，故此發朋使冷凍幫浦可以適用於實驗室及工廠。冷凍機冷卻式冷凍幫浦的原理如圖 3.40 所示。

(A)冷凍介質

　　冷凍機所用的冷凍介質（俗稱為冷媒）係超冷的氦氣。

(B)壓縮—膨漲環路

　　利用冷凍機內的壓縮機（compressor）將氦氣壓縮至壓力約為 20巴，壓縮釋放的熱經水冷卻將氦氣溫度降至室溫。此壓縮氦氣從管路經過油分離器及油氣吸收器將可能附在氦氣上的壓縮機中的潤滑油去除，然後到達第一級膨脹室。

(a)第一級膨漲：壓縮氦氣在第一級膨脹室膨脹吸熱使溫度降至 60 至 80K。

　　冷凍幫浦不論為何種型式均裝設有熱屏障（heat shiled），此熱屏障通常以液態氮冷卻。其作用可阻隔外界的熱直接傳達到幫浦內的冷凍面，同時亦可將一些在液態氮溫度可冷凝成固體的氣體如二氧化碳，水蒸氣及其他有機氣體等抽除。

　　冷凍機冷卻式冷凍幫浦有些設計需另裝以液態氮冷卻的熱屏障，但新式者則用此第一級膨漲的低溫氦氣冷卻熱屏障。

(b)第二級膨漲：經過第一級膨漲後的氦氣再作第二級膨漲，溫度降至10 至 20K。此溫度即為冷凍幫浦內冷凍面的溫度。

　　真空系統中大部分氣體在此低溫均冷凍成固體且其蒸氣壓亦很

低。氖氣及氫氣在此溫度下雖凝成固體但其蒸氣壓仍很高,而氦氣則仍為氣體。

(C)冷凍吸附

由上可知若冷凍機冷卻式冷凍幫浦僅以冷凍並不能抽氖,氖,及氫氣,故此種冷凍幫浦多裝設冷凍吸附裝置,使氖,氦,及氫氣在此低溫下被物理吸附。冷凍幫浦的構造不適於加高溫,而一般吸附幫浦所用的人造沸石再生時常需加高溫至250℃,故沸名並不適用作冷凍幫浦中的吸附劑。活性碳的優點為可不必加高溫而將的氣體釋放再生,故通常所用的吸附劑為 5X 的以活性碳。

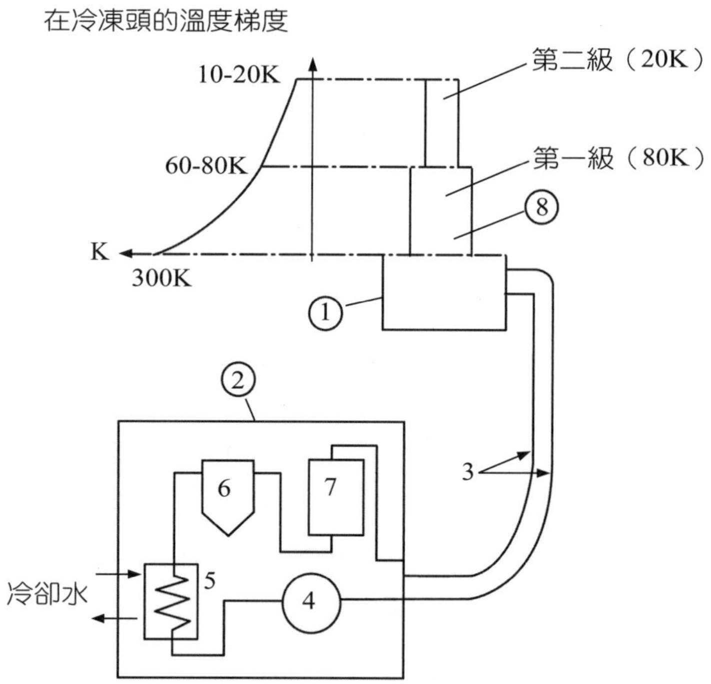

1.冷凍頭　　　　5.氦氣冷卻裝置
2.冷凍機　　　　6.油氣分離器
3.氦氣管路　　　7.油氣吸收器
4.氦氣壓縮機　　8.熱交換器

圖 3.40　冷凍機冷卻式冷凍幫浦的原理

3.商品冷凍幫浦

　　　如前述僅冷凍機冷卻式冷凍幫浦為較為實用，目前商品冷凍幫浦頗多，茲簡單舉例介紹如下：

(1)冷凍機冷卻式冷凍幫浦的構造

　　　如圖 3.41 所示，冷凍機冷卻式冷凍幫浦係包括有壓縮機，冷凍頭及熱屏障等。氣體膨脹及熱交換系統均設在內部包含冷凍頭的幫浦本體內。第一級膨漲熱交換系統與熱屏障連接，第二級膨漲熱交換系統與冷凍板連接。壓縮機由一馬達驅動，冷凍頭內有冷凍板並設有冷凍吸附裝置。冷凍吸附裝置可為單獨設在冷凍頭內者，但如圖所示此冷凍吸附裝置實際上係將活性碳層附在冷凍板上。而熱屏障係設於幫浦本體外殼周邊且在幫浦入口處設有連接熱屏障的冷凝阻擋（cold baffle）。

(2)冷凍幫浦的操作及再生

　　　冷凍幫浦雖用冷凍的原理抽氣，如果為液池式冷凍幫浦，理論上應為一靜態的貯氣式幫浦。但事實上目前所常用的凍機冷卻式冷凍幫浦因為要產生超低溫而用冷凍機冷卻，故有馬達帶動壓縮機轉動所產生的振動。

(A)冷凍幫浦的操作

　　　冷凍幫浦的操作需先用前段真空幫浦將真空系統抽真空至壓力達到 10^{-3} 毫巴或更低的範圍，然後再起動冷凍幫浦。幫浦起動後，氣體在冷凍板的冷凍面上被冷凝成固體而抽氣。冷凍幫浦的冷凍板在幫浦操作時，會逐漸被冷凍的固態氣體所掩蓋，故冷凍幫浦的抽氣速率係隨操作的時間而下降。當抽氣速率下降至一定的程度時，幫浦即需停機再生。

(B)冷凍幫浦的再生

　　　冷凍幫浦的再生包括冷凍板的冷凍面及冷凍吸附的吸附劑活性碳的再生。通常僅需將幫浦停機使其回至室溫，然後再利用前段幫浦將解凍回恢成氣態的氣體及活性碳吸附的氣體抽除。用乾燥的氮氣通入幫浦內可將幫浦內的氣體及污染物排出，必要時可將氮氣加熱，但溫度不能太高，一般多採取 70℃。

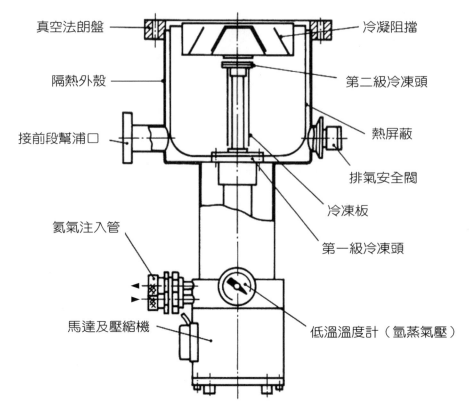

真空法朗盤

冷凝阻擋

隔熱外殼

第二級冷凍頭

接前段幫浦口

熱屏蔽

排氣安全閥

冷凍板

氦氣注入管

第一級冷凍頭

馬達及壓縮機

低溫溫度計（氫蒸氣壓）

圖 3.41　冷凍機冷卻式冷凍幫浦

(3)冷凍幫浦的應用

　　冷凍幫浦適合用於高度潔淨的真空系統，但冷凍幫浦因冷凍機冷卻式有馬達帶動壓縮機，故仍有振動及發生噪音的可能。因為冷凍幫浦的構造不適於加高溫，若被污染僅能以乾燥的氮氣通入幫浦內將幫浦內的污染物驅出，即使要加熱亦僅能將氮氣加熱至 70℃的溫度，對於一些需加高溫才能蒸發的污染物如油類或一些有機物等，即難以清除。因此冷凍幫浦不適合用於可能產生污染的真空系統。雖然有些冷凍機冷卻式冷凍幫浦設計其冷凍頭部分機件可折出清潔，但操作時頗需技術。冷凍幫浦的冷凍機因有壓縮機，而壓縮機必須用潤滑油，故其冷媒氦氣中會有油氣混合。如上節所述，壓縮機內均設有油分離器及油氣吸收器將可能附在氦氣上的油氣去除，但油氣吸收器對油氣的吸收有一定的量，當其吸收油氣的量飽和時

即無法再用，必須送至原廠作更換或處理。事實上冷凍幫浦的好壞視其油氣消除的裝置能消除油氣的程度而定。因為即使有很少量的油氣存在氦氣中，當其在各級膨脹冷卻的過程中會變成固體附著在冷凍板的內部面上，此固體成為冷絕緣體而使冷凍板不能達到應有的低溫，故幫浦會失去抽氣的功效。

3.3.5 渦輪分子幫浦

渦輪分子幫浦（turbomolecular pump）簡稱渦輪幫浦（turbopump）係一種排氣式幫浦，利用高速轉動的葉片使氣體分子獲得動能而壓縮，故為動能式幫浦。

1. 渦輪分子幫浦原理

渦輪分子幫浦的原理為將機械動能傳遞至氣體分子，因其頗似反轉的高壓氣體透平機（high pressure gas turbine）故稱為渦輪（turbo）。但其實際抽氣的必要條件為真空系統的壓力已進入分子氣流範圍，故稱為渦輪分子幫浦。

(1)渦輪分子幫浦的抽氣機制

如圖 3.42 所示為渦輪分子幫浦葉輪（disk）上葉片（blade）的一部分。葉輪係高速轉動，氣體分子被葉片撞擊獲得動能後，飛行的方向可以用葉片的真空側及壓縮側來說明。在葉片的真空側，以氣體分子碰撞 A 點為例，碰撞後被散射由 δ_1 角範圍飛出落在壓縮側，屬於被壓縮部分。碰撞後被散射由 γ_1 角範圍飛出，則碰撞相鄰的葉片可能再落在壓縮側仍屬於被壓縮部分，而另一部分飛向真空側，則未被壓縮。若碰撞後被散射由 β_1 角範圍飛出落在真空側，則未被壓縮。在葉片的壓縮側的氣體分子仍會被葉片撞擊。以氣體分子碰撞 B 點為例，碰撞後被散射由 β_2 角範圍飛出落在壓縮側，屬於被壓縮部分。碰撞後被散射由 γ_2 角範圍飛出，則碰撞相鄰的葉片可能再落在壓縮側仍屬於被壓縮部分，而另一部分飛向真空側，則未被壓縮。若碰撞後被散射由 δ_2 角範圍飛出回到真空側，故未被壓縮。由以上的討論及圖 3.42 可知 δ，γ，β 等角度為決定氣體被壓縮的因素。而此等角係由包括葉片傾斜的葉片角（blade angel）α，葉片寬（blade width） b，及葉片間距離 d 的葉輪設計所決定。

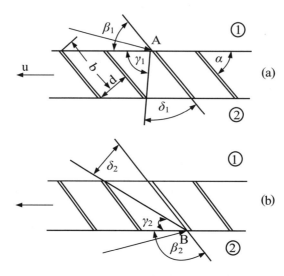

圖 3.42　渦輪分子幫浦的抽氣機制

(2)渦輪分子幫浦的最大壓縮比

　　　渦輪分子幫浦的最大壓縮比（maximum compression ratio）CR_m 的定義為在幫浦出氣口的抽氣速率為零（表示無排氣）的壓力與進氣口壓力之比。最大壓縮比與被抽氣體的質量，幫浦轉子的轉速，以及葉輪的構造有關，其關係如下：

$$CR_m \propto \exp(M^{1/2} \, U \, G \, Z)$$

　　　式中 M 為莫耳質量，U 為葉輪的圓周速度（circumference speed），G 為幾何因子與葉輪的構造有關，Z 為幫浦的級數（見下節）。

(3)最大抽氣速率與最終壓力

(A)渦輪分子幫浦的最大抽氣速率（maximum pumping speed）S_{max} 與葉輪的圓周速度及幾何因子直接成比例，即：

$$S_{max} \propto U\,G$$

(B)最終壓力（ultimate pressure）P_u 取決於幫浦的壓縮比及渦輪分子幫浦的前段壓力（fore-line pressure），其關係為

$$P_u = P_F / CR$$

式中 CR 為幫浦的壓縮比，P_F 為渦輪分子幫浦的前段壓力。

　　因為 CR 與氣體莫耳分子量 M 有關，對較重的氣體分子壓縮比也較高，故渦輪分子幫浦抽較重氣體分子的最終壓力比較低。

　　例如分子量為 100u 的油蒸氣，其壓縮比 CR 約為 10^{16}。若前段幫浦維持前段壓力在 10^{-3} 毫巴，則渦輪分子幫浦抽大分子油蒸氣的最終壓力約為：

$$P_u = 10^{-3}/10^{16} = 10^{-19}　毫巴$$

　　此結果代表油蒸氣可被抽到幾近於零。

　　但對於氫氣 [17] 則其壓縮比為 10^3。以相同的前段壓力，則渦輪分子幫浦抽氫氣的最終壓力僅達約 10^{-6} 毫巴。

(4)渦輪分子幫浦的抽氣速率曲線

　　渦輪分子幫浦的抽氣速率理論上可由上述的最大抽氣速率乘一因子而得，但實際上各幫浦的設計不同抽氣速率亦有差別。通常抽氣速率隨壓力變化的曲線隨被抽氣體分子的大小而不同。渦輪分子幫浦抽氣速率隨壓力變化的曲線舉例如圖 3.43 所示。由圖中可見氫氣與氦氣的抽氣速率平均較氮氣或空氣者為低。

---

[17] 各種渦輪分子幫浦設計不同其對於氫氣的壓縮比亦有差異，此處所用者僅為舉例

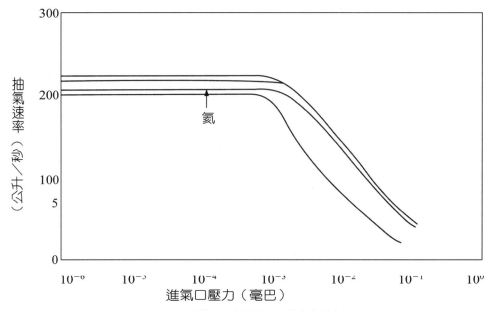

圖 3.43　渦輪分子幫浦抽氣速率曲線例

2.渦輪分子幫浦的型式

　　渦輪分子幫浦就其構造形態可分為垂直式（verticle type）與水平式（hor-izontal type）兩類。雖亦有就幫浦轉子軸承的不同而分類者，但相同類的轉子軸承可用於垂直式或水平式渦輪分子幫浦，故本書不採用此種分類，但將單獨討論各類轉子軸承。

(1)垂直式

　　垂直式渦輪分子幫浦為軸向流壓縮（axial flow compression）式，幫浦為直立，其抽氣口可直接連接在真空系統，此種設計係根據取代擴散幫浦的構想而來。

(A)幫浦的構造

　　幫浦的主要部分為轉子（rotor）與靜子（stator），轉子上固設有多數個具有傾斜葉片的葉輪。轉子係由幫浦真空壓縮室外部的馬達驅動高速旋轉。靜子上亦有多數個葉輪，但係固定於幫浦真空壓縮室內壁上，而轉子與靜子的葉輪係交錯間隔設置，其間的間隙約在 1 毫米左

右。轉子與靜子葉輪上的傾斜葉片係如倒影般的排列，部分葉片的排列示意圖如圖 3.44 所示。幫浦的構造則如圖 3.45 所示。幫浦的一組轉子與靜子葉輪形成一級（stage），因為轉子與靜子間的機械配合約有毫米範圍的間隙並非緊密配合，故每一級的壓縮比並不大。但因渦輪分子幫浦多級設計，如上節所述理論的最大壓縮比 CR_m 與幫浦的級數 Z 的關係為指數關係，故總壓縮比可能很大。

圖 3.44　部分葉片的排列示意圖

渦輪分子幫浦葉輪上傾斜葉片的設計，因在抽氣口附近氣體的壓力比較低，故轉子與靜子的徑向長度較長，而能使抽入的氣體量較多。往下則轉子與靜子的徑向長度較短，可增加氣體被壓縮的效果。有些設計葉片的葉片角，葉片寬，及葉片間距離均隨壓力的範圍而不同，其目的使氣體經由各級壓縮最後達到較高的前段壓力。新型的渦輪分子幫浦設計有在轉子下端組合類似分子曳引幫浦（molecular drag pump）或螺旋式幫浦而形成組合幫浦以使其排氣壓力較高，此部分因太過於技術性故在此從略。

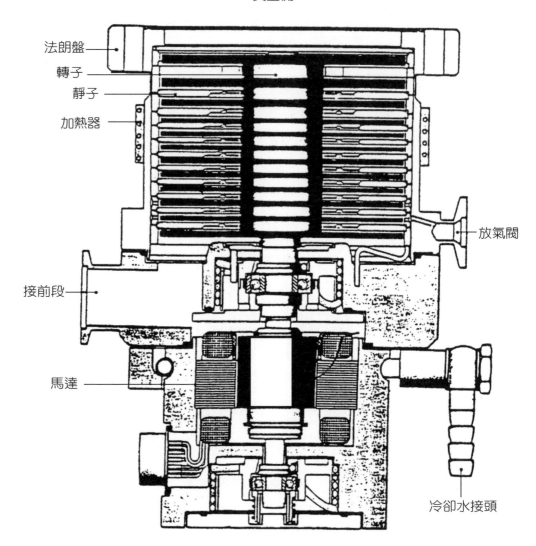

真空側

法朗盤

轉子

靜子

加熱器

接前段

馬達

放氣閥

冷卻水接頭

圖 3.45　垂直式渦輪分子幫浦的構造

(B)渦輪分子幫浦的軸承（bearing）

　　渦輪分子幫浦的轉子轉速很高，每分鐘從大型者約 36000 轉至小型者約 72000 轉。其馬達帶動轉子軸旋轉必須有軸承支承，故渦輪分子幫浦的軸承為幫浦的一項重要機件。因為渦輪分子幫浦的轉子高速轉動，故軸承的潤滑及冷卻為重要的考量。茲就現有的幾種軸承分別介紹如下：

(a)油潤滑滾珠軸承（oil lubricated ball bearing）：舊式的滾珠軸承係鋼珠在鋼製的導軌（race）內滾動。因為摩擦生熱而使潤滑油溫度上升，若無適當的冷卻則會使油分解產生黏膜或顆粒。其結果在鋼珠與導軌間的接觸造成微焊結（microwelding）現象而減低軸承的壽命。一般多在軸承潤滑油室外加以水冷卻，使油溫度保持在低於 70℃ 以免油分解。新式的滾珠軸承採用不同材料的滾珠與導軌，例如有一種陶瓷材料的滾珠及鋼製導軌稱為混合軸承（hybrid bearing）者，因陶瓷滾珠具有高硬度及耐磨且較鋼的重量約輕 60%，故旋轉時所受的離心力較小，軸承不易磨損，並可免除微焊結的發生。

(b)油脂潤滑滾珠軸承（grease lubricated ball bearing）：油潤滑滾珠軸承用油作潤滑雖然潤滑效果很好，但油的蒸氣分子有可能從軸承的密封襯墊與轉軸間進入真空幫浦內部[18]，且其僅適用於垂直式渦輪分子幫浦，故有用油脂取代潤滑油的設計。油脂的性能，如油脂的黏度，蒸氣壓，及穩定性等均為用作高速轉動滾珠軸承潤滑劑的關鍵考量。因為油脂不似油有流動性，故可適用於垂直式及水平式渦輪分子幫浦，且其冷卻可採風扇氣冷式，故用油脂潤滑的渦輪分子幫浦可用於移動式真空裝置。油脂不似油用久後需要更換，但仍有少量消耗，故必要時需添加油脂。

(c)自身潤滑滾珠軸承（self lubricated ball bearing）：有些真空幫浦製造廠商正在研發不用潤滑劑的滾珠軸承。此種軸承係利用一種有足夠硬度但本身又有潤滑作用的材料製成滾珠。此種滾珠材料據著者所知應屬陶瓷材料的一種，如氮化硼（BN）等，因其硬度甚高而且又有自身潤滑的特性，故可符合此種滾珠軸承的要求性能。氮化硼可能因其具有吸濕性，在實用技術上有困難待解決，故目前尚未見有商品出售。

(d)磁浮軸承（magnetic suspension bearing）：利用磁浮的原理使渦輪分

---

[18] 此問題已可解決，見下節

子幫浦的轉子受磁力懸浮在空中，其轉軸並不與幫浦本體有任何機械接觸。轉子的旋轉係利用旋轉磁場帶動，另有偵測線圈可測轉子的轉速。用磁浮軸承的轉子轉軸與幫浦本體因無機械接觸，故無潤滑劑，因此不會產生任何油蒸氣分子進入真空幫浦內部的問題。又其旋轉傳動係利用磁力，故無傳統馬達驅動轉子轉軸進入真空幫浦本體的真空室與轉軸間密封的問題。理論上此種幫浦正常操作其壽命無限，但實際上磁場控制系統為幫浦可否正常操作的主要關鍵，故操作時應注意磁場控制系統的維護保養。

舊式磁浮軸承裝有電池以備萬一停電時可供應懸浮磁場電源維持轉子不下落至停止。新式者則於轉軸下方裝有小型發電機，萬一停電時因轉子尚在高速旋轉，故帶動發電機發電供應懸浮磁場電源維持至轉子懸浮至停止。用磁浮軸承的渦輪分子幫浦並附有上下各一的接觸軸承（touch down bearing），其用途為當幫浦停機時轉子轉速減緩至停止，而懸浮磁力消失，此時轉子下落至下接觸軸承上而不致有金屬摩擦撞擊的危險。上接觸軸承的用途為當幫浦意外傾斜或因特殊原因如葉片不平衡等而使轉子轉軸不垂直造成轉軸上端自由端碰觸幫浦口金屬而高速磨損。轉軸上端裝有上接觸軸承則仍可支持其轉動故可避免造成損害。

利用磁浮軸承的渦輪分子幫浦常稱為磁浮式渦輪分子幫浦，其構造如圖 3.46 所示。

(2)水平式

水平式渦輪分子幫浦的轉子及靜子為水平設立，其構造如圖 3.47 所示。轉子分為互相間隔的兩部分，抽氣口進氣方向垂直於轉子軸方向，氣體經左右兩部分壓縮再轉 90°匯流至排氣口排至前段管路。因為氣流的轉折，故消耗較多的能量。水平式的設計係考慮垂直式者的轉子僅一端支承作高速轉動而轉子的另一端為自由端，故有可能產生振動。水平式者則轉子兩端均有軸承支承轉動，故振動可大為減低。事實上，垂直式渦輪分子幫浦因其轉子葉輪的平衡要求甚高才能用於高速轉動，故發生的振動極低。根據統計目前常用者仍為垂直式。

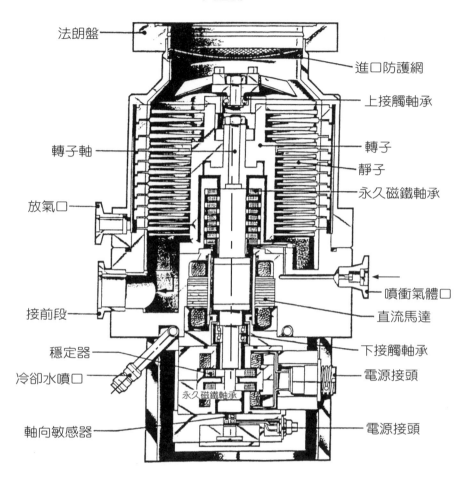

圖 3.46　磁浮式渦輪分子幫浦的構造

3.渦輪分子幫浦的操作

　　渦輪分子幫浦因係利用高速轉動葉片使氣體分子獲得動能而壓縮的動能式幫浦，其轉子與靜子間的機械配合精密度並不要求非常緊密，其間並無摩擦，故幫浦內部不須任何潤滑油或脂。又其壓縮的機制為動能傳遞而非正位移，故亦不必用如油膜等的氣密襯墊，因此渦輪分子幫浦屬於高度潔淨的真空幫浦。

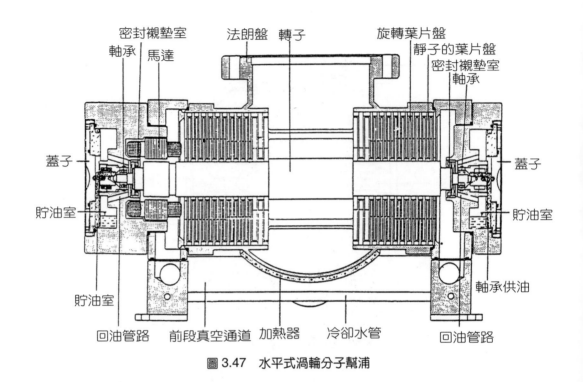

密封襯墊室　法朗盤　轉子　旋轉葉片盤
軸承　馬達　　　　　　　　靜子的葉片盤
　　　　　　　　　　　　　　密封襯墊室
　　　　　　　　　　　　　　軸承
蓋子　　　　　　　　　　　　　蓋子
貯油室　　　　　　　　　　　貯油室
貯油室　　　　　　　　　　軸承供油
回油管路　前段真空通道　加熱器　冷卻水管　回油管路

圖 3.47　水平式渦輪分子幫浦

(1)起動

　　如前述渦輪分子幫浦為動能傳遞式幫浦，其轉子轉速愈高則動能愈
大。但高速轉動的葉片與氣體分子會起摩擦生熱，故渦輪分子幫浦設計僅
能用於高真空以上。在幫浦起動時的必要條件為真空系統的壓力已進入分
子氣流範圍，以避免太多的氣體分子摩擦生熱會損害葉片。一般操作時利
用前段幫浦將真空抽至壓力至少應達 10^{-3} 毫巴範圍，然後再使渦輪分子
幫浦的轉子開始轉動。經驗得知起動的壓力愈低幫浦抽高真空的效果愈
佳。因為渦輪分子幫浦停機時必須放入大氣（見下節），故起動時即用其
前段幫浦經由渦輪分子幫浦直接將幫浦與真空系統抽至中度真空以上。有
些真空系統有分開的前段管路將前段幫浦直接接至真空系統，同時並聯接
至渦輪分子幫浦的前段，起動時並聯抽氣，如此則可減少起動時前段管路
的阻抗，故可使起動過程較快。

(2)停機

　　渦輪分子幫浦內部不須任何潤滑油或脂亦不必用如油膜等的氣密襯墊，故被認為係高度潔淨的真空幫浦。事實上如渦輪分子幫浦的滾珠軸承用油或油脂潤滑，仍會有油氣分子沿轉軸進入幫浦內部，此外，前段幫浦多採用迴轉幫浦，其中的幫浦油蒸氣分子也有進入渦輪分子幫浦內部的可能。理論上渦輪分子幫浦對大分子氣體的抽氣效率很高，而此等油氣分子均屬大分子氣體，故在幫浦運轉時，無論係由滾珠軸承或前段幫浦進入幫浦內部的油氣分子均會立即被抽出而不會留在幫浦內或經由幫浦回到真空系統。若渦輪分子幫浦用磁浮式軸承則更無油或油脂潤滑的問題。雖然如此，但在渦輪分子幫浦停機後此情況卻大不相同，若幫浦內部仍為真空則前述的油氣分子均會因大壓力差進入幫浦內部，而且會不規則地附著在葉片等處。因為轉子為高度機械平衡，葉片有任何污染均有造成不平衡的可能，不平衡的轉子在高速轉動時瞬間即損壞。因此渦輪分子幫浦停機後，幫浦應緩緩放入大氣 [19] 至最後為一大氣壓力，如此可阻止油氣分子因壓力差而進入幫浦內部的機會。

(3)起動時油氣回流問題

　　既然渦輪分子幫浦停機後入大氣，故其起動時要用前段幫浦抽氣至分子氣流範圍，在此期間渦輪分子幫浦並不作動，而為一氣流阻抗。因前段幫浦多採用迴轉幫浦，幫浦油蒸氣分子此時有進入渦輪分子幫浦內部的可能。此種情形即使為磁浮式渦輪分子幫浦亦不能避免。目前解決此問題的方法有些幫浦的設計在起動的期間使渦輪分子幫浦作慢速的轉動以配合前段幫浦抽氣，如此有助於氣流流向前段幫浦而減少油氣從前段幫浦回流而污染渦輪分子幫浦的轉子葉片。

(4)渦輪分子幫浦的適用範圍

　　理論上渦輪分子幫浦可操作的壓力範圍從 10^{-3} 毫巴至 10^{-11} 毫巴，而且可抽清潔真空。但實際應用時在超高真空範圍真空系統中的氣體幾乎僅

---

[19] 一般真空廠商均有特製的放氣閥供應，但此閥並不列為附件

有氦氣與氫氣，而渦輪分子幫浦對輕的氣體分子抽氣速率頗低，故應用在此範圍並不十分有效。雖然渦輪分子幫浦的轉子為高度機械平衡，故實質上振動應可忽略，但所有的渦輪分子幫浦均需要前段幫浦而且多用迴轉幫浦，因此前段幫浦的振動會經由渦輪分子幫浦傳至真空系統。目前市售的渦輪分子幫浦均有消振的裝置，但仍有某種程度的振動不可避免。渦輪分子幫浦可抽清潔真空，但若真空系統會有污染物特別如固體粒子等，則應避免用渦輪分子幫浦，或者應用時要裝濾除污染物的裝置，否則幫浦甚易損壞。

3.4 抽真空系統的幫浦組合

除非是非常簡單的真空系統，通常均有可能設計用幾種不同的真空幫浦來抽真空。原則上所有的高真空系統及超高真空系統均需要有粗略至中度真空幫浦將真空系統從一大氣壓力抽至進入分子氣流範圍的壓力，然後再起動高真空幫浦。雖然科技進步，但至今仍無任何一種真空幫浦可以從一大氣壓力抽至超高真空。不同工作的目的所用的真空系統並不一定相同，其選擇真空幫浦的組合則視特定的需要條件而定。以下依常遇到的特定需要條件介紹可能的真空幫浦的組合。實際應用的真空系統的設計各有其不同的需要，故並無一定的標準幫浦組合。

3.4.1 高度潔淨真空系統的幫浦組合

此類真空系統原則上選擇的幫浦應為內部無潤滑油，不會產生污染性氣體或蒸氣。故粗略真空可選擇吸附幫浦，而高真空及超高真空可選擇離子幫浦，冷凍幫浦，渦輪分子幫浦，或結拖幫浦。

3.4.2 不能有任何振動系統的幫浦組合

此類真空系統原則上選擇的幫浦應為靜態運作無機械振動，即無馬達，高頻振動，或任何動態的機械運作。故粗略真空可選擇吸附幫浦，而高真空及超高真空可選擇離子幫浦或結拖幫浦。

3.4.3 會產生氣體或蒸氣系統的幫浦組合

真空系統內會產生氣體或蒸氣者，選擇的幫浦應能經常承受高氣流通量。粗略真空可選擇迴轉幫浦或乾氏幫浦，亦可加路持幫浦，而高真空及超高真空可選擇擴散幫浦，或渦輪分子幫浦。若產生的氣體或蒸氣具有腐蝕性或會沉積固體粒子者，原則上應避免用渦輪分子幫浦。擴散幫浦的幫浦油可選擇適用於腐蝕性氣體或蒸氣者，迴轉幫浦則應選擇適合用於腐蝕性氣體或蒸氣的幫浦一般商品稱為化學幫浦者。

3.4.4 極端溫度系統的幫浦組合

真空系統操作在高溫例如攝數仟度或極低溫例如液態氦溫度者，粗略真空可選擇迴轉幫浦或乾氏幫浦，亦可加路持幫浦，但高溫者應避免用吸附幫浦。高真空及超高真空可選擇擴散幫浦，或渦輪分子幫浦。同樣地，高溫者應避免用冷凍幫浦。應注意極端溫度系統的真空接頭如幫浦接真空室或管路，閥等的氣密襯墊最好用金屬襯墊，門與窗的氣密襯墊亦最好用金屬襯墊，在高溫系統具有外部冷卻的設計者則門可用矽橡皮（silicon rubber）襯墊。

3.4.5 其他特殊要求的真空幫浦組合

如在具有高輻射場，高週波電場，或高磁場等處的真空幫浦的組合，考慮的方向原則與上述諸系統者不同。因為抽粗略真空，高真空及超高真空的情形雖然相同，但此等場效應（field effect）對於幫浦甚至幫浦的電源供應器均有可能影響，故實際應用時應特別考慮此影響。例如在有高磁場的真空系統即不宜用磁浮式渦輪分子幫浦，或者有些電源供應器應特別設計可用在高輻射場或高週波電場等。

Chapter 4
真空量測

4.1 真空量測的基本量

在第一章已介紹過真空技術的基本量,除有些量如氣導亦可用理論計算外,大多數的基本量均係由直接或間接量測獲得。本章將敘述真空技術實用時應量測的基本量,如壓力,抽氣速率,氣流通量,與氣導等。至於其他各量有些不須特別量測技術,或者如漏氣率與放氣率則將於第六章中討論。

4.2 真空中氣體的壓力

真空技術的基本量中最重要的量為真空壓力,即習慣上所謂壓力。大多數的基本量多與壓力有關,其量測或計算常要求壓力為已知,或先予測定,故本章將重點放在壓力的量測。

4.2.1 壓力的量測

量測壓力的儀器為真空計(vacuum gauge),實際上真空計即係壓力計或氣壓計。因在不同的壓力範圍量測壓力的原理及技術不同,故用真空計名詞以與一般的壓力計作區別。真空系統中的壓力僅為量測的量,很少用理論方法計算求出。以下將就各真空範圍分別介紹量測壓力的真空計。

4.2.2 真空計

如上述真空計實際上即係壓力計或氣壓計,但大部分的真空計與普通的壓力計或氣壓計構造及原理差異很大,故用於真空的壓力計習慣上稱為真空計,其定義如下:

1. 真空計的定義

真空計為一種裝置用以直接或間接測定真空系統中氣體的壓力。

因真空系統中的氣壓均很低,故真空計的操作原理包含直接利用測定單位面積上所受的力及間接利用氣體壓力與一些量的關係而導出壓力。

2.真空計的分類

　　真空計的分類並無一定的法則,根據測定壓力的技術原理可以分類如下表,但很難涵蓋所有的種類。較為籠統的分類則可包含各種真空計,但在實際應用時則覺範圍太廣。

(1)根據技術原理分類

表 4.1　真空計的技術原理分類

技術原理	真空計	估計測壓範圍
流體靜壓力	水銀真空計	1 大氣壓至 0.1 毫巴
機械變形	鮑登壓力計	1 大氣壓至 1 毫巴
機械變形	薄膜真空計	1 大氣壓至 0.1 毫巴
機械變形	電容真空計	1 大氣壓至 10^{-3} 毫巴
氣體黏滯力	黏滯真空計	10^{-3} 至 10^{-7} 毫巴
氣體分子熱傳導	熱電偶真空計	1 至 10^{-3} 毫巴
氣體分子熱傳導	派藍尼真空計	1 至 10^{-3} 毫巴
氣體分子離子化	冷陰極離子真空計	10^{-4} 至 10^{-6} 毫巴
氣體分子離子化	熱陰極離子真空計	10^{-5} 至 10^{-9} 毫巴

　　上表所列的真空計僅為常用的舉例,表中所列其適用的真空範圍係根據實用經驗的估計。因真空計適用的真空範圍與要求的準確度有關,一般商品的真空計所附的資料若未說明其準確度則多會超過此範圍。

(2)概括性的分類

　　概括性的分類為較為籠統的分類即分為絕對真空計與相對真空計兩大類。

(A)絕對真空計

　　絕對真空計（absolute vacuum gauge）為直接測定單位面積上所受的力。

　　因為絕對真空計為直接測定壓力,故用作校正的標準真空計（standard vacuum gauge）均用絕對真空計。

(B)相對真空計

相對真空計（relative vacuum gauge）為間接利用氣體壓力與一些量的關係，測定該量而導出壓力。

相對真空計多用在壓力太低無法直接測定壓力的真空範圍，如利用如熱傳導，氣體分子離子化等技術而間接測定壓力者。此種間接測定的量通常與氣體分子的種類有關，因此，不同的氣體所測到的壓力並不一定相同。故此類相對真空計必須以標準真空計校正。

4.3 粗略到中度真空範圍用的真空計

在此真空範圍因壓力較大可以直接測定壓力，常用的方法為靜態液壓平衡，機械變形及氣體與運動機件的摩擦（黏滯力）。以下將介紹常用的真空計，而利用直接測定壓力的絕對真空計用作標準真空計者將另於真空計校正一節中介紹。

4.3.1 靜態液壓氣壓計

靜態液壓氣壓計（hydraustatic pressure gauge）常用者為水銀真空計如圖 4.1 所示。因其形狀如 U 字，故亦稱為 U 形管氣壓計（U-tube manometer）。圖示者為開口式，其一端開口直接受大氣壓力，故水銀柱的高度代表大氣壓力與真空系統中的壓力的差。此種真空計為最簡單式，但因真空系統處的大氣壓力常常變化，故所測的壓力亦有差異。較準確者為封閉式，其一端封閉並封入一已知壓力的氣體，故水銀柱的高度代表已知壓力與真空系統中的壓力的差。水銀真空計測定壓力的範圍從一大氣壓力至約 1 毫巴，若壓力小於 1 毫巴，則很難從水銀柱高度準確觀測其差值。

4.3.2 靜態機械式氣壓計

靜態機械式氣壓計（mechanical manometer）利用壓力差產生機械變形，常用者有指針式，係將機械變形經由機械連桿，齒輪，及彈簧等傳送至指針使其轉動指示壓力，及電容式，係由機械變形產生兩電極間電容變化而測出此電容變化以

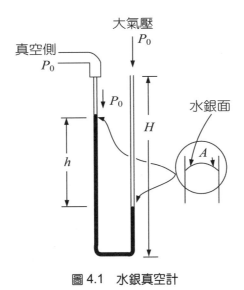

圖 4.1　水銀真空計

顯示壓力值。

1. 鮑登壓力計

　　鮑登壓力計（Bourdon gauge）如圖 4.2 所示，其主要產生機械變形部分為橢圓形斷面的鮑登管（Bourndon tube），管的封閉端連接機械傳動裝置，

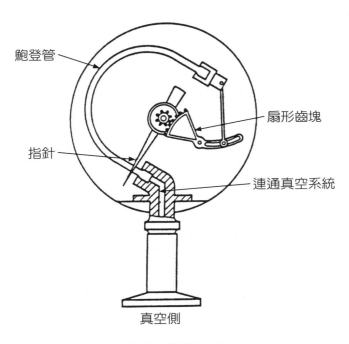

圖 4.2　鮑登壓力計

開口端接待測壓力的真空系統。通常管外即為大氣壓力，但較準確者亦有密封入一已知壓力的氣體。鮑登壓力計可用於從一大氣壓力至約 1 毫巴壓力範圍，其誤差約為 ±10 毫巴，故在壓力為數毫巴範圍時僅可估計其壓力值。

2.薄膜真空計

薄膜真空計（diaphragm gauge）如圖 4.3 所示，其主要產生機械變形部分為一金屬薄膜。薄膜的一側為密封表殼，其中封入一已知壓力的氣體。薄膜的另一側連接至待測壓力的真空系統。由壓力差使薄膜產生機械變形，推動連接機械傳動裝置帶動指針旋轉指示壓力。薄膜真空計可用於從一大氣壓力至約 0.1 毫巴壓力範圍，常用較準確範圍約在 10 至 1 毫巴。因為機械傳動的限制再低的壓力即無法使指針旋轉指示壓力。

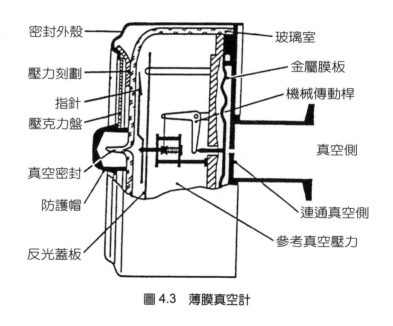

圖 4.3　薄膜真空計

3.電容真空計

電容真空計（capacitance gauge）基本上仍係薄膜真空計，僅很小的薄膜機械變形的量可由薄膜與兩電極間形成的電容變化而測出，故此電容變化即代表壓力值。電容真空計如圖 4.4 所示，可分為絕對壓力式（absolute pressure type）與差壓式（differential pressure type）。絕對壓力式薄膜的一側為密封

表殼，其中封入一已知壓力的氣體，另一側連接至待測壓力的真空系統。差壓式薄膜的兩側各連接至真空系統的兩待測壓力點，故可直接讀出壓力差或壓力比。電容真空計的兩電極可設於薄膜的兩側或均設於薄膜的一側，後者的優點為真空系統中的氣體不會接觸到電極，故可免除電極可能遭受氣體的污染。最常用的電容真空計係MKS公司的專利產品，其商品名稱為Baratron。

　　電容真空計可用於從一大氣壓力至約 10^{-3} 毫巴。實際應用時常分段測壓，因從一大氣壓力至約 10 毫巴，其精確度可達 ±0.08%，而壓力低於 10 毫巴，則其精確度僅約 ±10%。

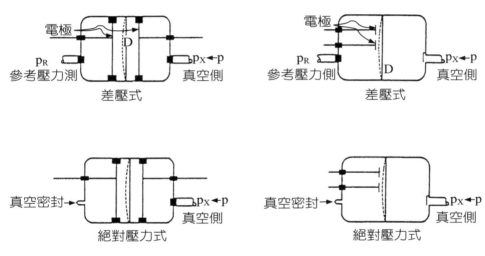

圖 4.4　電容真空計

4.3.3　熱傳導真空計

　　在真空壓力從中度真空至接近高真空的範圍，上述利用直接測定壓力的絕對真空計已難測出壓力或即使測出壓力其精確度亦很差，而以下將敘述的用於高真空壓力量測的離子真空計則尚未能達到起動的低壓力。利用氣體分子碰撞發熱體而傳熱的熱傳導真空計（thermal conductivity gauge）恰好填補此空缺。熱傳導真空計為相對真空計，其與氣體分子有關，不同氣體測到的壓力亦可能不同。一般而言，小分子氣體傳熱的效果較大分子氣體為佳。

1. 發熱體在真空中熱的散失

發熱體熱的散失包含不經介質的直接輻射，以及經由介質的間接熱傳導。在真空中因氣體的分子密度低，發熱體經由氣體的間接熱傳導與在大氣中不同。茲將發熱體在真空中熱的散失途徑討論於下：

(1)氣體的熱傳導

(A)對流（convection）

在大氣中熱的散失經由氣體的傳導主要的機制為對流，而在真空中則僅從大氣壓力開始的粗略真空至 1 毫巴附近的壓力範圍為對流方式的熱傳導，低於此壓力範圍對流的現象即不顯著。如圖五的熱傳導對壓力變化曲線所示，在此壓力範圍為一水平直線，此代表對流的熱傳導實質上與壓力無關。

(B)氣體分子碰撞

真空中壓力下降至低於 1 毫巴，此時氣體分子密度降低其熱傳導已非氣流方式的對流，而係各個氣體分子碰撞發熱體將熱帶走的機制。如圖五所示，在約 1 毫巴至接近 10^{-3} 毫巴的壓力範圍，熱傳導對壓力變化曲線為傾斜的直線。此代表熱傳導與單位時間氣體分子碰撞發熱體的數量成比例，故在此壓力範圍利用測定熱傳導即可間接測定壓力。

(2)固體熱傳導（conduction）

真空中發熱體的固定物及通電導線等均為發熱體的熱被固體傳導的介質，此部分的熱傳導相對於上述氣體分子碰撞的熱傳導在中度真空範圍時甚小故可以忽略。當壓力下降至低於 10^{-3} 毫巴，此時因氣體分子稀少，其所傳導的熱亦變為很少，相對地固體熱傳導即變為主要部分。固體的熱傳導加下述的直接輻射散熱均為一定量，與壓力無關，如圖 4.5 的低壓力水平直線部分所示。由此可知利用測定熱傳導間接測定壓力的方法在此壓力範圍已無效。

(3)輻射（radiation）

輻射為直接不經由介質傳熱的機制，故與壓力無關。輻射僅與發熱體的溫度有關，若溫度固定，則其熱傳導為一定量。

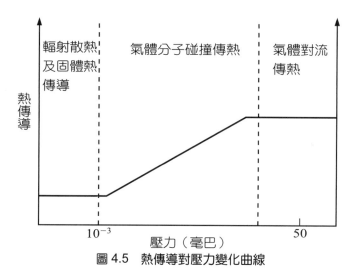

圖 4.5　熱傳導對壓力變化曲線

2.熱電偶真空計

在上述的真空壓力範圍利用測定熱傳導間接測定壓力的真空計實際上即係測定發熱體的溫度變化。熱電偶（thermocouple）為用兩種不同的金屬相偶接以測定溫度的裝置，直接用來測壓力即為熱電偶真空計（thermocouple gauge）。熱電偶測定溫度必須與發熱體相接觸，通常係將加熱燈絲與熱電偶點焊（spot-welding）相接。因此種真空計使用時常會從大氣壓力開始，故燈絲為避免氧化而採用鉑銥合金（platinum iridium alloy）。其操作溫度約在 100℃ 至 200℃，所用的熱電偶可採用 T 型的銅／康銅（constantan）熱電偶或相當者。商品所稱的赫司汀真空計（Hastings gauge）係採用如圖 4.6 所示的三熱電偶所組成。

3.派藍尼真空計

如前述測定發熱體的熱傳導可直接測定溫度，但較精確可靠的方法為測定具有正電阻溫度係數（temparature coefficient of resistance）燈絲的電阻變化。此種燈絲可用鎢，鎳或鉑等金屬製成，但鎢較易氧化故很少用。為補償測壓管（gauge tube）處可能的環境溫度變化所造成的誤差，利用一封閉的測壓管稱為假測壓管（dummy tube）置於相同位置。此假測壓管中的燈絲僅測到環境溫度變化所產生的背景信號，測壓管即用此信號以消除背景信號。一般精確測定電阻多用惠斯登電橋（Wheastone bridge），電橋的兩支分別接測

壓管與假測壓管,另兩支測分別接標準電組,如圖 4.7 所示。利用此測定電阻的方法而測定發熱體的熱傳導以間接測定壓力的真空計稱為派藍尼真空計（Pirani gauge）。

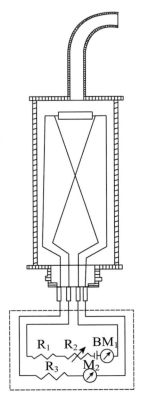

圖 4.6　熱電偶真空計

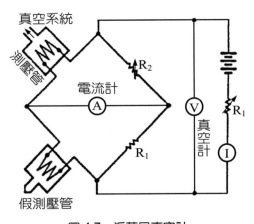

圖 4.7　派藍尼真空計

4.4 高真空及超高真空範圍用的真空計

　　當真空系統中的壓力達到高真空範圍，氣體分子密度已很低，此時利用氣體分子碰撞熱傳導的方法已經失效，故測定壓力採用測定單位體積中的氣體分子數而利用理想氣體定理的理論間接求出壓力。事實上測定單位體積中的氣體分子數的方法為將氣體分子離子化變為離子，然後測定離子電流即可推算出氣體分子數。

4.4.1 冷陰極離子真空計

　　冷陰極離子真空計（cold cathode ionization gauge）的構造原理與前章所述的撞濺離子幫浦（sputter-ion pump）相同，但選用不同的陰極材料及所加電場的電壓使無撞濺及結拖（getter）的幫浦作用。冷陰極離子真空計又稱為彭甯真空計（Penning gauge），因其陰極電子的產生不用加熱燈絲，故稱為冷陰極。冷陰極離子

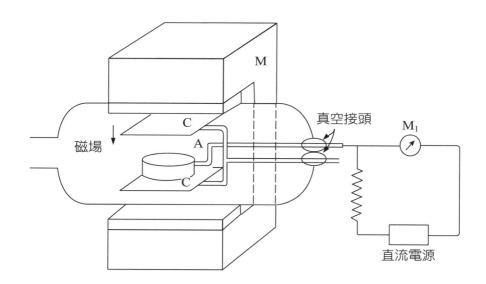

1. 冷陰極離子真空計適用的壓力範圍

　　理論上冷陰極離子真空計可測壓力從約 10^{-3} 毫巴至 10^{-7}，但在壓力較高時真空計內的氣體分子密度太高，故電場中會產生輝光放電（glow dischage)。此時電極間形成電漿造成大電流而發熱,同時電源供應器亦因大電流使電路發熱甚至會燒毀。當壓力太低時,則因真空計內電子的數量太少而使氣體分子離子化的機率降低,在此低壓力常不易起動,操作時測到的離子電流會不穩定。故實際應用時冷陰極離子真空計操作範圍較理論者為小。

2. 冷陰極離子真空計操作注意事項

冷陰極離子真空計為比較堅固不易損壞的真空計,但如前述原因,其起動仍以較低壓力為宜,一般多選擇進入 10^{-5} 毫巴範圍起動。此真空計若真空系統意外壓力升至粗略真空範圍,或不小心放入大氣,短暫時間應不致損害幫浦及其電源供應器。較佳的商品冷陰極離子真空計均有自動保護裝置,故可防其發熱及電源供應器燒毀。雖然很多商品均稱其冷陰極離子真空計可操作至 10^{-7} 毫巴範圍或更低,但實際應用在此範圍時真空計的精確度不佳,而且會有上述在此壓力時起動不易的情形。

4.4.2 熱陰極離子真空計

熱陰極離子真空計(hot cathode ionization gauge)中產生使氣體分子離子化的電子為由燈絲通電發熱的熱發射(thermal emission)電子。因為燈絲電流可精確控制,故發射的電子電流可維持為一常數,而不似上述的冷陰極離子真空計中的電子電流係隨壓力變化而非一常數。熱陰極離子真空計的陰極即為通電發熱的燈絲,故稱為熱陰極離子真空計,亦簡稱為離子真空計(ion gauge)。傳統的三極管式熱陰極離子真空計如圖 4.9 所示。

1. 三極管式熱陰極離子真空計的操作原理

三極管式熱陰極離子真空計(triode ionization gauge)有三個電極,電子由陰極燈絲發射出被加速吸往陽極,陽極為柵極(grid)故電子會從柵極間穿過。離子收集極(ion collector)係設在接地零電位,電子從柵極間穿過飛向離子收集極時受反向電場的推力停止後向反向加速又穿過柵極。電子穿過柵極後進入陰極與陽極間的電場中,受反向推力再度轉回飛向柵極。如此來回振盪而使電子碰撞氣體分子使其離子化的機率增加。氣體分子被離子化後,帶正電荷的離子即被離子收集極吸取而形成代表壓力的離子電流。

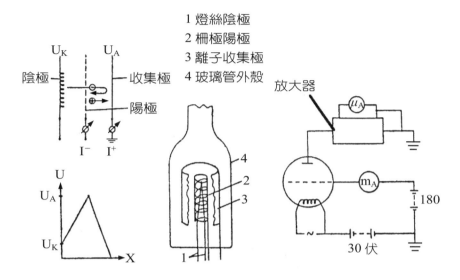

圖 4.9　三極管式熱陰極離子真空計

2.熱陰極離子真空計適用的壓力範圍

因在壓力較高時真空計內的氣體分子密度太高會使燈絲氧化燒毀，故傳統的三極管式熱陰極離子真空計測定壓力的高壓力約在 10^{-5} 毫巴範圍。其測定低壓力則受背景壓力信號（background signal）的限制約在 10^{-7} 毫巴範圍。此測不到再低的壓力的主要原因如下。

3.熱陰極離子真空計中的背景壓力讀數

熱陰極離子真空計中的背景讀數（background reading）源自真空計中的電子撞擊陽極後其能量轉變成一種電磁波（electromagnetic wave），其波長的範圍屬於低能量的柔和X光（soft X-ray）。此柔和X光向四面八方射出，當其射至離子收集極時會發生光電效應（photo-electric effect）而釋放光電子（photo electron）。離子收集極放出一負電子即相當於獲得一正電荷的離子信號，此信號造成一固定的背景壓力讀數。熱陰極離子真空計中實際壓力對真空計顯示壓力的曲線如圖 4.10 所示。

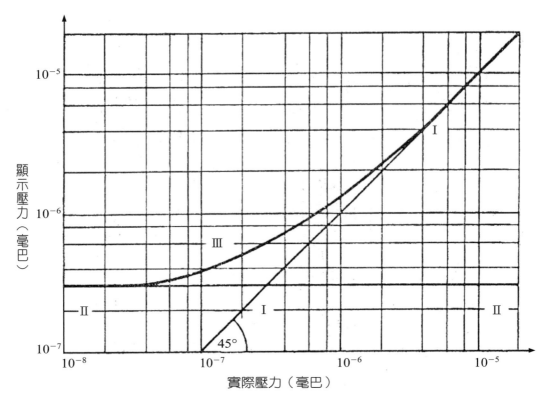

圖 4.10　實際壓力對顯示壓力曲線

(1)柔和 X 光極限（soft X-ray limit）

　　上述使熱陰極離子真空計測不到再低的壓力的柔和 X 光造成的背景壓力讀數常被稱為熱陰極離子真空計的柔和 X 光極限 *1*。如果能消除或減低此柔和 X 光極限則可測定超高真空的壓力。

(2)減低柔和 X 光極限的方法

　　理論上可完全消除柔和 X 光極限，但實際上完全消除柔和 X 光光電效應的同時，離子電流亦將減到極低而無法測出。以下將介紹減低柔和 X 光極限的方法：

---

1 此柔和 X 光光電效應在冷陰極離子真空計中亦會發生，但因冷陰極離子真空計中的電子係隨壓力降低而減少，故其產生的柔和 X 光光電效應亦隨壓力降低而減少，因此不造成固定的背景讀數

(A)減少柔和 X 光照射的離子收集極的面積

因為柔和 X 光照射的離子收集極的面積愈小則發射的光電子亦愈少，故將離子收集極的面積減少可降低背景讀數使測定的壓力可以更低。下述的倒位三極管真空計即為利用此方法的超高真空真空計。

(B)屏蔽柔和 X 光

將離子收集極設在柔和 X 光不能直接照射到的位置，例如將離子以 90°靜電場偏轉至一離子收集極的外集式離子真空計（external collector gauge），或以屏蔽使柔和 X 光不能直接照射到離子收集極的抽取式離子真空計（extractor ionization gauge）。

(C)在離子收集極前加一抑止光電子發射的抑止極（suppressor）

因為光電子的發射必須有一電場可將發射的電子吸出，否則發射出的光電子會被遺留在收集極的正電荷吸回。在熱陰極離子真空計中此電場為陽極與離子收集極形成的電場。若在離子收集極前加一負柵極式抑止極，則離子仍會穿過而被離子收集極所收集，而光電子則被抑止不會發射出。此種方法的雛形真空計著者曾完成實驗並發表，但並未商品化。

4.4.3 倒位三極管真空計

倒位三極管真空計（inverted triode guage）亦稱為 BA 離子真空計（Bayard-Alpert ionization gauge 簡稱 BA gauge），其構造係將傳統的熱陰極離子真空計的陰極燈絲與離子收集極位置互換，且將圓筒狀的離子收集極改為一根細絲，如此其面積大為減少。改良後的熱陰極離子真空計其柔和 X 光極限大為降低，故可用於超高真空範圍。倒位三極管真空計的構造如圖 4.11 所示。

4.4.4 外集式離子真空計

如圖 4.12 所示，外集式離子真空計中電子碰撞柵極所產生的柔和 X 光不會直接照射至離子收集極上，故柔和 X 光極限幾乎消除[2]。但因離子經過離子抽取小孔再受 90°靜電場的靜電推力轉向至離子收集極，其離子電流量已大為減低，尤其在超高真空範圍更甚，故真空計的靈敏度較小。

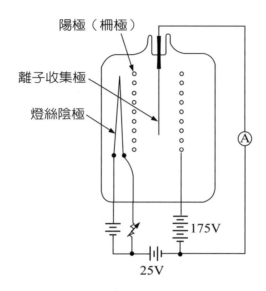

圖 4.11　倒位三極管真空計

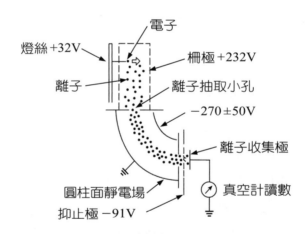

圖 4.12　外集式離子真空計

2　被散射的 X 光仍有機會射至離子收集極，故柔和 X 光極限並未完全消除

4.4.5 抽取式離子真空計

　　抽取式離子真空計如如圖 4.13 所示，其離子收集極設在離子產生的離子室（ion chamber）下方，離子經過離子抽取小孔被吸至針狀的離子收集極。此收集極係設在一半球形離子反射鏡（hemispheric ion reflector）的頂點，離子進入其中時未直接射到收集極上者經此反射鏡反射後可增加被收集極吸收的機會。顯然柔和 X 光仍會直接照射至離子收集極上，但其量已大為減低，故柔和 X 光極限大為降低。此種抽取式離子真空計亦為目前常用於超高真空範圍的離子真空計。

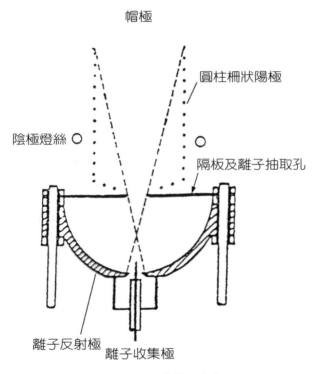

圖 4.13　抽取式離子真空計

4.5 部分壓力分析儀

　　真空計雖然可以測定氣體的壓力但不能測知氣體的種類以及混合氣體中各氣體成分的部分壓力。部分壓力分析儀（partial pressure analyzer 簡稱 PPA）又稱為

殘餘氣體分析儀（residual gas analyzer 簡稱 RGA），為可測知氣體的種類以及混合氣體中各氣體成分的部分壓力的儀器，實際上即為小型的氣體質譜儀（mass spectrometer）。部分壓力分析儀的種類頗多，惟目前最常用者為四極式質譜儀（quadrupole mass spectrometer）。

4.5.1 四極式質譜儀的原理

四極式質譜儀主要有四根互相平行的電極，電極為雙曲線（hyperbolic cross section）斷面。相對的電極加相同的直流及交流電壓（U＋V cos ωt），而與此電極成 90 度的兩電極則加與其異號相同的直流及交流電壓－（U＋V cos ωt）。氣體分子在質譜儀的離子源（ion source）中離子化成為離子，離子被電場引出由四極的中心軸方向進入四極所形成的變動電場。離子在此電場中所進行的軌跡係由馬修運動方程式（Mathieu equation of motion）來表示。即質量為 m 的離子在 X，Y，及 Z 方向的運動方程式為：

$$md^2x/dt^2 + 2e(U+V\cos\omega t) \cdot x/r_0^2 = 0$$
$$md^2y/dt^2 - 2e(U+V\cos\omega t) \cdot y/r_0^2 = 0$$
$$md^2z/dt^2 = 0$$

而此四極所形成的變動電場其電場位能（potential）為：

$$\Phi = (U+V\cos\omega t) \cdot x/r_0^2$$

式中 U 為直流電壓，V cos ωt 為隨時間變動的交流電，V 為交流的最大電壓，ω ＝2πf, f 為頻率，約在射頻（radio frequency 簡稱 RF）範圍，如 0.5 至 3 百萬赫（MHz）。由馬修運動方程式可決定不同質量的氣體分子在電場中進行的軌跡及其穩定性，此穩定性由選擇一些參數固定而變動其他參數來決定。路徑穩定的離子可以穿過電場被位於電場末端的偵測器所偵測，而不穩定的離子則進行的路徑彎曲振盪，振幅逐漸放大最後碰到電極失去電荷被真空幫浦抽離。此種選擇氣體

分子質量偵測其分子數量的方法稱為質量掃描（mass scan），而依質量順序繪出
各種質量氣體分子的數量的曲線即為質譜（mass spectrum），係代表各種成分氣
體分子的部分壓力。

4.5.2 四極式質譜儀的構造

　　四極式質譜儀的構造圖如圖 4.14 所示。因為理論的雙曲線斷面電極製作困難
故一般四極式質譜儀的電極棒多以圓棒代替，僅新式小型者係用陶瓷材料拉製成
型為一具有四塊雙曲線斷面內壁的管，而在此四塊內壁分別鍍互相不接觸的金膜，
如此可得理想的四極。

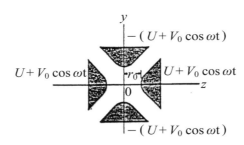

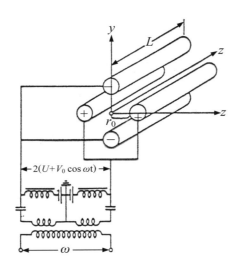

圖 4.14　四極式質譜儀的構造圖

4.5.3 部分壓力及總壓力的測定

上述以四極式質譜儀測定各成分氣體分子的質譜即代表各成分氣體分子的部分壓力，而質量掃描方法為選擇一些參數固定而變動其他參數來偵測不同質量的氣體分子。通常固定的參數為 U/V 及 ω，而掃瞄可用變動 U 或 V, U/V 的值為決定質量解析度（mass resolution）的重要選擇。此種方法作質量掃描所得的質譜在所有的質量範圍對質量均呈比例變化，因為質量 m 與 U 或 V 直接成正比。另一種不常用的質量掃描方法係固定 U 及 V 而變動 ω，但所得的質譜對質量變化並無線性比例的關係，故僅特殊情況才應用。

將四極式質譜儀的直流電壓關閉，即 U = 0，則所有成分氣體分子的離子均通過電場而被偵測，此時測到的離子電流即代表總壓力。

4.6 真空計的校正

真空計校正（calibration）分為絕對校正（absolute calibration）與比較校正（comparison calibration）。絕對校正係以標準真空計（standard vacuum gauge）來校正，而比較校正則以傳遞真空計（transfer gauge）作比較校正。

4.6.1 真空標準

真空標準（vacuum standard）與其他類的標準相似分為一級，二級標準等。一級標準所用的標準真空計（standard vacuum gauge）為絕對真空計，而二級標準真空計則用傳遞真空計（transfer gauge）。

1. 絕對真空計

一級標準所用的絕對真空計常用者有旋轉轉子黏滯性真空計與麥克勞真空計，實際應用時多用前者。

(1)旋轉轉子黏滯性真空計（spinning rotor viscosity gauge）

現在常用的標準黏滯性真空計為旋轉轉子黏滯性真空計簡稱旋轉轉子真空計（SRG），其構造如圖 4.15 所示。旋轉轉子為一直徑為 4.5 毫米的小鋼球，轉子置於一短管中而被兩塊碟狀永久磁鐵以磁力使其懸浮在空

間。轉子被四驅動線圈所產生的水平旋轉磁場所驅動而高速旋轉。兩轉速拾取線圈偵測轉子轉速將轉速信號送至接收器。使用時將轉子驅轉至一定的高轉速，例如每分鐘 24000 轉，然後停止驅轉磁力。從此時依時間順序紀錄轉子減慢的輸出信號。由於氣體的黏滯力使轉子轉速的減慢，而黏滯力比例於壓力，故測定此轉子轉速變慢至某一選擇的速度所經過的時間即可獲得壓力。

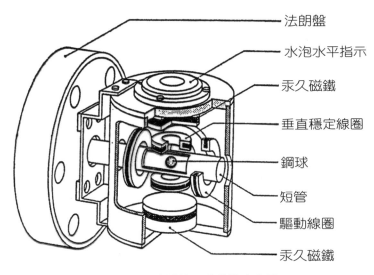

圖 4.15　旋轉轉子黏滯性真空計

(2)麥克勞真空計（Mcleod gauge）

　　麥克勞真空計實際即為一種水銀真空計，如圖 4.16 所示，係利用水銀在毛細管中上升的高度來側定壓力。因此種標準真空計操作頗需技術，且易產生誤差，故現多被上述的旋轉轉子真空計取代。

2.傳遞真空計

　　所謂傳遞真空計即一種高精確度及可靠性的真空計經過一級標準的校正後可用在二級真空標準實驗室以校正一般使用的真空計者。原則上傳遞真空計可為以上介紹的各類真空計具高精確度及可靠性者。常用作傳遞真空計的真空計在較高壓力範圍選電容真空計即商品 Baratron，而高真空則選離子真空計。

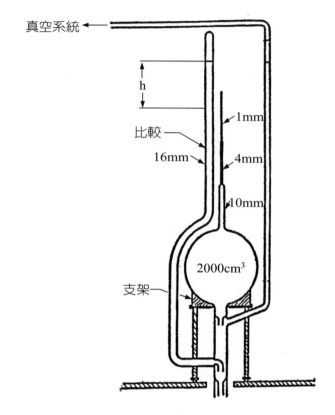

真空系統 ←

h

比較

16mm

1mm

4mm

10mm

2000cm³

支架

圖 4.16　麥克勞真空計

4.6.2 真空計校正系統

　　真空計校正工作應在專門設計的校正設備中進行。在使用者的真空系統直接用標準真空計或傳遞真空計作比較的方法為不正確且校正的結果可能誤差很大，故著者不建議用此方法。真空計校正為專門技術，應由真空標準實驗室來作校正工作，故本節僅作原理的介紹。

1. 靜態膨脹法校正系統

　　真空計校正若欲校正的真空計在絕對真空計的操作壓力範圍，則可直接在如圖 4.17 的真空計校正設備中作比對。但若欲校正的真空計的操作壓力範圍超出絕對真空計的操作壓力範圍，例如高真空用的真空計，則需用靜態氣體膨脹法校正系統（static gas expansion system）或下節將敘述的動態真空計校正系統來校正。

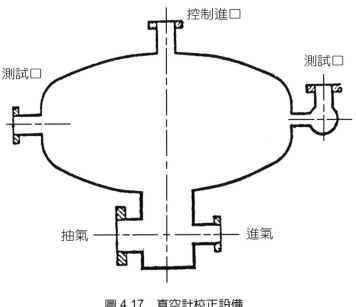

控制進口

測試口

測試口

抽氣

進氣

圖 4.17 真空計校正設備

(1)靜態氣體膨脹法（static gas expansion method）操作原理

　　此種真空計校正為絕對校正，主要利用的理論為波義耳定理。氣體從小體積的真空室膨脹至大體積的真空室故壓力變小。小體積真空室的壓力係由最初進氣時以標準真空計測定，氣體膨脹後根據波義耳定理即可計算出置於大體積真空室的待校真空計的壓力。

(2)一級膨脹法（single-stage expansion method）

　　利用膨脹一次的真空計校正系統如圖 4.18 所示，最初進氣的真空室 V_1 其壓力係由標準真空計測定為 p_1。在此進氣真空室與一大體積膨脹室之間設有不同大小的傳遞室（trnsfer chamber）。此傳遞室與進氣真空室經真空閥相連通，打開此閥後使此傳遞室的壓力上升。因為此傳遞室體積較進氣真空室小很多，故此時體積變化為 $V_1 + V_2$ 可不必考慮而可假定壓力為 p_1，然後關閉其間的真空閥。打開傳遞室與膨脹室之間的真空閥使傳遞室中的氣體膨脹至大體積膨脹室，膨脹室的壓力即為待校真空計的壓力 p。

$$p = p_1[V_2/(V_2+V_3)]$$

式中 V_3 為膨脹室的體積

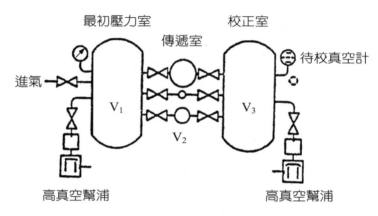

最初壓力室　　校正室

傳遞室

待校真空計

進氣

V_1　　V_3

V_2

高真空幫浦　　　高真空幫浦

圖 4.18　靜態膨脹法（一級膨脹法）

上圖中顯示有三個體積大小不同的傳遞室，操作時視所欲校正的真空計的壓力範圍而可選擇所需的傳遞室。

靜態氣體膨脹法尚有較複雜的多級膨脹系統（multi-volume expansion system），因太過技術性故不予介紹。

2. 動態真空計校正系統

上述的靜態膨脹法在作真空計校正之前，先以幫浦將整個系統抽真空至壓力至少一至二級次低於待校正真空計的壓力範圍，但系統在進行校正工作時並無幫浦抽氣。在進行膨脹時常有氣體吸附在各室的內壁上，故影響校正的精確度，尤其校正壓力在高真空範圍此影響頗大。解決此問題的方法為將校正系統經常整體加熱烘烤使氣體吸附在內壁的量減至可以忽略。動態真空計校正法係以真空幫浦將校正系統連續抽氣，如此則內壁上吸附氣體並不影響校正的精確度。孔道流通校正法（aperture-flow method）係利用孔道的阻抗 [3] 造成孔道兩側的壓力差而以標準真空計校正較低壓力的真空計的方法。此方法習稱為小孔流通法（orifice-flow method），但因實際上並不一定為小

孔，亦可為不限大小的孔道（aperture），故本書改稱為孔道流通法，其校正系統則稱為孔道流通校正系統（aperture-flow calibration system）。因真空計校正多屬較複雜的技術，故本書僅選擇一簡單的實例作介紹。

(1)孔道流通校正系統

　　孔道流通校正系統具有以一孔道板（aperture plate）相隔的上下真空室如圖 4.19 所示。上真空室設有可控制流率（flow rate）的進氣系統及標準真空計，下真空室連接一已知抽氣速率的真空幫浦，而待校正的真空計則設於下真空室內。上真空室可進氣至壓力為 p_1，而進氣系統通常以大氣壓力進氣，其進氣的氣流通量 $Q = p_a \cdot R_f$，R_f 為進氣流率。若下真空室內的壓力為 p_2，而孔道的氣導（conductance）C 可以理論計算出或精確測定，則待校正的真空計的校正壓力 p_2 為：

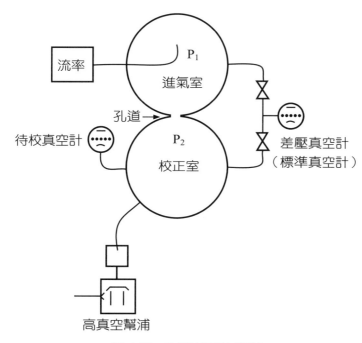

圖 4.19　孔道流通校正系統

3　孔道的阻抗計算見下章

$$p_2 = p_2 - Q/C$$

⑵二級真空標準校正

　　二級真空標準校正為比較校正，即利用傳遞真空計與一般使用的真空
計作比較的校正方法，此傳遞真空計應先經一級真空標準校正。如待校的
真空計與傳遞真空計為同一壓力範圍，則可用圖 4.17 的真空計校正設備
作校正工作。

　　孔道流通校正系統亦常用作二級真空標準校正系統，通常用一差壓式
電容真空計直接測定上下真空室的壓力比（p_1/p_2）即可獲得校正壓力如
下：

$$p_2 = Q/[C(p_1/p_2 - 1)]$$

4.7 抽氣速率的測定

　　抽氣速率的測定有定壓法（constant pressure method），定容法（constant volume method）及已知氣導法（known conductance method）。通常採用此等方法均
要求有專門用來作抽氣速率測定的設備，故對一般的真空幫浦使用者頗不方便。
儀器檢校的機構亦甚少有此種專門作抽氣速率測定的設備可供服務，甚至真空幫
浦的製造商亦未有標準的抽氣速率測定設備。因此國內真空幫浦使用者幾乎從未
測定過抽氣速率，而僅以所購幫浦規格所標定的抽氣速率作為實際應用時的抽氣
速率。以下除簡單介紹各抽氣速率測定法外，並將敘述一種可直接在使用者的真
空系統作抽氣速率測定的實用方法。

4.7.1 定壓法

　　測試系統中的壓力維持一定值 p，故進氣的氣流通量即等於幫浦抽氣的氣流
通量 Q。一般進氣即為大氣壓力 p_a，若進氣的體積流率可測定為 R_f 則抽氣速率 S 為：

$$S = Q/p = p_a \cdot R_f/p$$

1. 移動水銀柱法

　　測定進氣的體積流率 R_f 可用移動水銀柱法（moving mercury pellet method），如圖 4.20 所示，控制水銀柱移動的速率。水銀在毛細管中移動將氣體推入真空室內，毛細管的半徑為 r，水銀柱在 t 秒內移動的距離為 z，則 $R_f = \pi r^2 \cdot z/t$。

　　故 $S = p_a \cdot \pi r^2 \cdot z / (t \cdot p)$

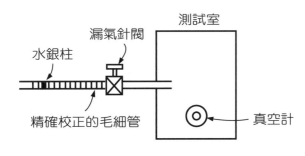

圖 4.20 　移動水銀柱法

2. 倒置量筒法

　　倒置量筒法（inverted burrete method）亦為測定進氣的體積流率 R_f 的方法，如圖 4.21 所示，一量筒倒置於油槽中。將一大氣壓力的氣體放入倒置量筒的上端，而與油槽中的壓力平衡顯示油柱高。將放氣針閥開啟油壓即將氣體推入真空室內，測定油柱上升的速率，及量筒的尺寸即可求得進氣的體積流率。

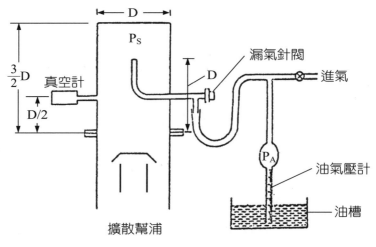

圖 4.21 倒置量筒法

4.7.2 定容法

若測試系統的體積 V 為已知,簡單測定抽氣速率的方法為測定壓力由 p_0 被抽至壓力 p_f 的時間,而以第一章所述的抽真空時間的公式來計算抽氣速率 S。此方法誤差甚大,因未考慮真空系統內可能放氣的因素,而且該公式係假設抽氣速率為常數,故著者不建議用此簡單的方法。以下將介紹的抽真空時間法係考慮抽氣速率隨壓力變化的情形,但此方法對幫浦的種類有限制不能普遍適用,而另一壓力上升率測定法則較合實用。

1. 抽真空時間法

此處所用的抽真空時間(pump down time)係假定抽氣速率 S 為隨壓力變化的函數。此函數為:

$$S = S_0 (1 - p_u/p)$$

式中 S_0 為在 t = 0 時的抽氣速率,而 p_u 則為最終壓力(ultimate pressure)。若最初壓力為 p_0,則由此假定所得的抽真空時間 t 為:

$$t = V[\ln(p_a - p_u) - \ln(p - p_u)]/S_0$$

以不同的 p，用時間 t 對 $\ln(p - p_u)$ 所繪出的直線其斜率即為 V/S_0。因為定容法係假定體積 V 為定值，故由測得的斜率即可得 S_0，再依壓力變化函數式可計算出 S。

此方法假定的抽氣速率隨壓力變化函數並不能適用於任何種真空幫浦，僅迴轉油墊幫浦較為接近此假定。

2. 壓力上升率測定法

壓力上升率測定法（pressurre rate-of-rise measurement method）可利用使用者的真空系統來測定其幫浦的抽氣速率。此方法利用測定的最終壓力 p_u 及真空系統的壓力上升率來考慮真空系統可能的放氣及漏氣，測得的抽氣速率為真空系統操作壓力範圍的平均數值。

操作時先將真空系統以幫浦抽氣維持在壓力 p_0，此即一般的操作壓力。再將真空幫浦的隔斷閥關閉，從此時開始計時至一段時間 t。此時測定的壓力為 p_1，即真空系統在無真空幫浦抽氣的情形下壓力上升，而壓力上升率 $R_p = (p_1 - p_0)/t$。真空系統體積 V 為定值，最終壓力 p_u 為已知或可先予測定，則抽氣速率 S 可用下式求出：

$$S = V \cdot R_p/(p_0 - p_u)$$

4.7.3 已知氣導法

用一氣導為已知或可先予測定的孔道或管路測定兩端或兩側的壓力，即可求出抽氣速率。已知氣導法測定抽氣速率的設備如圖 4.22 所示。

假定管路兩端的壓力為 p_1 與 p_2，其氣導為 C，通過此管路的氣流通量為 Q，則

$$Q = C(p_1 - p_2)$$

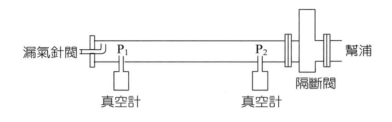

圖 4.22　己知氣導法測定抽氣速率

　　若幫浦的抽氣速率為 S，幫浦連接在管路壓力為 p_2 的一端，根據氣流通量的連續性，進氣的氣流通量與經管路被幫浦抽出的氣流通量 Q 應相等即

$$Q = p_2 \cdot S = C(p_1 - p_2)$$
$$\text{故 } S = C[(p_1/p_2) - 1]$$

　　此法可用來測抽氣速率，亦可測定氣流通量，或氣導。

4.8 氣流通量的測定

　　氣流通量的測定一般多係利用 $Q = p \cdot S$ 及氣流通量的連續性來測定。若抽氣速率為已知可由測定壓力直接求得氣流通量。又真空室內的壓力可用控制進氣來調整，若進氣的壓力及體積流率可測定，則進氣的氣流通量為己知。假定真空系統中的放氣及漏氣的量均甚小可以忽略，則真空系統中的氣流通量即直接等於進氣的氣流通量。

4.9 氣導的測定

　　氣導的測定係用一專門測定氣導的設備來測定待測氣導的真空分件如真空閥，管路，及接頭等。測定的方法為設備的進氣裝置可測定進氣的氣流通量，然後測定待測氣導的真空分件兩邊的壓力，由 $C = Q/(p_1 - p_2)$ 即可求出氣導的值。圖 4.23 所示為一測定氣導的設備，待測氣導的真空分件裝設在校正位置，其兩側的壓力用兩個真空計來測定，或用一差壓真空計來測定，氣流通量Q係由上方的進氣裝置控制。

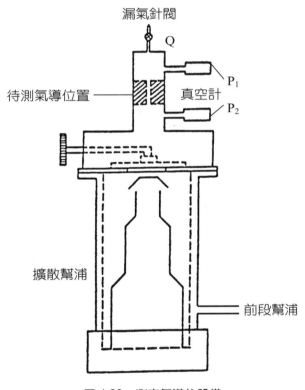

圖 4.23　測定氣導的設備

Chapter 5
真空系統與計算

5.1 真空系統

　　真空系統（vacuum system）通常指內部為真空的裝置或器具。較簡單者常稱為真空裝置或真空器具，而真空系統則似較為複雜。真空系統可分為靜態與動態兩類，本書將以動態系統為討論的內容。

5.1.1 靜態系統

　　靜態真空系統（static system）又稱為封閉系統（Closed system），系統被抽真空達一預定壓力後即予封閉而不再抽真空。靜態系統無抽真空的幫浦 [1]，亦無測真空壓力的真空計。通常靜態系統一旦被封閉後就不再需要真空技術，故此系統並非本書討論的對象。

5.1.2 動態系統

　　動態真空系統（dynamic system）又稱為可開閉系統（openable system），系統經常用真空幫浦維持所需的真空度。原則上動態真空系統包含有下列各部分：

1. 真空室

　　任何利用真空進行工作的系統均有一真空室，除鐘罩（bell jar）形真空室外，大多數真空室均有可供工作件進出的門，鐘罩則係將罩與底盤分離而放置或取出工作件。除門外，有些真空室設有可觀察內部的視窗，以及可供裝設真空分件（vacuum component）的通口（port）。

2. 真空幫浦

　　動態真空系統至少應有一真空幫浦（vacuum pump）用來抽真空。幫浦的數量及型式隨真空系統的設計而不同，幫浦可經管路連接至真空室，亦可直接接於真空室。

3. 真空計

　　真空系統中的壓力由真空計（vacuum gauge）測定，真空計多裝於真空

---

[1] 靜態系統中常封入結拖材料以維持真空度

室的通口上，但亦有裝設在幫浦抽氣系統上，如管路上或幫浦上。

4. 閥

真空系統常裝有可開閉的閥（valve）在系統各位置，如在幫浦出口的隔斷閥（isolation valve），管路連接至通口，其他真空分件或幫浦處的連通閥（connection valve），代替真空室門的門閥（gate valve），或進氣系統上裝的流量控制閥（flow control valve）及節流閥（throttle valve）等。

5. 導引

導引（feedthrough）係將電流，電壓，電波，機械動作如旋轉，直線運動，角位移等，以及冷熱等媒介質導入真空系統的裝置。導引的共同特徵為由真空系統外界大氣壓力下進入真空系統的內部，故氣密為最重要的特徵。通常導引多裝在真空室的通口，但亦有裝於其他部位者。

6. 其他

其他如管路包括接頭，消震，消音，隔熱，絕緣，或隔磁等，均視系統的需要而配置。

5.2 真空系統管路氣導的計算

在第一章介紹氣導或阻抗的定義時知氣導與阻抗為倒數的關係，以下敘述計算方法時僅用氣導或阻抗討論任一即可。真空管路，孔道，以及真空分件等對於抽氣均有氣導。通常管路及孔道可用理論公式計算其氣導，但真空分件則多無理論的公式。有些真空分件的製造廠商常有實驗公式，曲線或數據資料等可供估計其產品的氣導。若無計算公式可用，則可應用前章所述測定氣導的方法來測定氣導。

5.2.1 複合真空管路的總氣導

複雜的真空系統可能包含多個相連接的幫浦及真空分件等而各具氣導。若各單獨的真空分件，幫浦及管路等的氣導為已知或可求得，則複合真空管路的總氣導的計算為先將各分枝管路依其為串聯或並聯的總氣導求出，然後依各分枝管路

組合成複合真空管路的情形計算總氣導。

1. 串聯真空管路的總氣導

真空管路，真空分件，及真空幫浦等依次連接，其中的氣流為互相直接流通，此即串聯真空管路。串聯真空管路的總氣導可比照電阻電路的計算如下：

電阻電路的電導與電阻相當於真空管路的氣導與阻抗。在串聯電阻電路的總電阻為電路上各個電阻的和，而總電導為總電阻的倒數，故真空管路的總阻抗為真空管路上各個阻抗的和，而總氣導為總阻抗的倒數。

2. 並聯真空管路的總氣導

比照電阻電路並聯電阻電路的總電導為各個電路上電導的和，而總電阻為總電導的倒數，故並聯真空管路的總氣導為各個支真空管路上氣導的和，而總阻抗為總氣導的倒數。

3. 複合真空管路總氣導計算例

如圖 5.1 所示的複合真空管路系統，包含有粗略真空抽氣管路 A 與高真空抽氣管路 B。高真空抽氣管路中包含一擴散幫浦，一冷卻阻擋，一冷凝陷阱，及二真空閥等，分別以代號 1 至 5 表示。其各部分的阻抗為 R_1 至 R_5，而所有的連接管路的阻抗則以 R_6 表示。粗略真空抽氣管路包含一真空閥，一路持幫浦，及一連接至主抽氣幫浦間的油氣過濾器其阻抗分別用 R_7，R_8，與 R_9 表示。整個複合真空管路系統用一滑翼迴轉幫浦來抽真空。計算複合真空管路從滑翼迴轉幫浦抽氣口 a 點至真空室抽氣口 b 點的總氣導，可比照如圖所示的複合電阻電路計算如下：

粗略真空抽氣管路 A 的總氣導：$R_A = R_7 + R_8 + R_9$

高真空抽氣管路 B 的總氣導：$R_B = R_1 + R_2 + R_3 + R_4 + R_5 + R_6$

複合真空管路的總氣導：$C_t = C_A + C_B = 1/R_A + 1/R_B$

總阻抗：$R_t = 1/C_t$

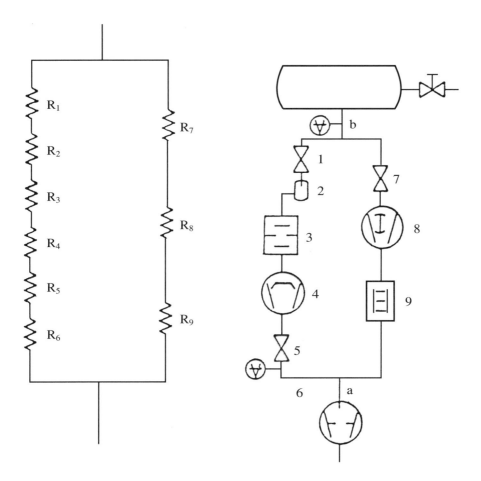

圖 5.1　複合真空管路總氣導計算例

5.3 管路氣導的計算公式

　　管路（pipeline）包括不同尺寸的圓形斷面管及非圓形斷面管。管路的氣導與管路中的氣流形態及溫度有關，亦與氣體的種類有關。通常除特別說明外，所述的公式多係假定管路係在室溫 293 K（20℃）及其中氣體為空氣。

5.3.1 圓形斷面管

　　以下所稱的管均為直管，管的氣導長管與短管有差別，故討論時分為長管與

短管。圓形斷面管的直徑 d 通常指管的內徑，所謂長或短，係用管直徑與管長度 L 比較而定。

1. 長管

一般所稱的長管原則上符合的條件為：

$$L \geq 10d$$

(1)適用於所有氣流範圍的通式

在室溫 293 K 及空氣的情況：

$$C = 135d^4 \overline{P}/L + 12.1d^3/L \cdot (1 + 192\overline{P}d) / (1 + 237\overline{P}d)$$

式中 C 為氣導，單位為公升／秒，$\overline{P}$ 為平均壓力單位為毫巴，L 為管長單位為厘米，而 d 為儀器的主要尺寸[2]單位為厘米。

(2)在黏滯流範圍（$\overline{P}d \geq 0.6$ 毫巴・厘米）

$$C = 135d^4 \overline{P}/L$$

(3)在分子流範圍（$\overline{P}d < 0.013$ 毫巴・厘米）

$$C = 12.1d^3/L$$

2. 短管

一般所稱的短管原則上符合的條件為：

$$L \approx d$$

---

[2] 儀器的主要尺寸係指對於儀器性能影響最大的尺寸，在管路則為其直徑

短管可用長管的公式加端效應（end effect）的修正因子來考慮。所謂端效應為氣體分子進入管中在進口處有部分氣體分子被反彈向反方向射出，其效應相當於增加管路阻抗。通常短管多用於高真空管路，故以下將介紹在分子流範圍，室溫 293 K 及空氣的情況：

分子流範圍（$\overline{P}$d < 0.013 毫巴・厘米）

端效應的修正亦可將長管的氣導乘以一修正因子稱為克勞幸因子（Clausing's factor），此因子可用實驗求得。但較常用的計算方法為將管長加 4d/3 作為有效管長（effective length）以代替長管的氣導公式的 L，即：

$$C = 12.1d^3 / (L + 4d/3)$$

式中 C 為氣導單位為公升/秒，L 為管長單位為厘米，d 為管內徑單位為厘米。

3. 彎管

在真空系統中的管因係金屬管，如不鏽鋼管或銅管等故並不直接將其彎折。如管路需要變換方向時則用彎管（bend）其兩端接直管即達彎曲的目的。彎管為製好的彎曲管狀的接頭，其彎曲通常為 90°，但亦有其他角度如 30° 或 60° 等。彎管的氣導較相同長度的直管的氣導為小，其氣導的估算係以有效管長代替實際管長用直管的公式來計算：

(1) 90° 彎管

90° 彎管的氣導係以有效管長作為總管長用直管的公式來計算，而有效管長係以下式來估算

$$L_{total} < L_{eff} < L_{total} + 4nd/3$$

式中 L_{total} 為實際彎管的長度，單位為厘米，d 為管內徑單位為厘米，而 n 為管路上所有彎管的數目。

(2)非 90°彎管

　　若彎管並非 90°，而係一彎曲角 θ，其長度的修正為以管長加 $4nd\theta/270$
作為有效管長。

$$L_{total} < L_{eff} < L_{total} + 4nd\theta/270$$

5.3.2 非圓形斷面管

　　真空系統的管路很少為非圓形斷面管，有些用真空的儀器其中用長方形或正方形的管俗稱為導波管（duct），或特別用途的橢圓形斷面管等。因應用範圍有限，故本節將僅介紹長方形斷面管。

1. 長方形斷面管

　　長方形斷面管的短邊為 a 厘米，長邊為 b 厘米，管長為 L 厘米，斷面面積 $A = a \cdot b$ 厘米^2，管內氣體的平均壓力為 $\overline{P}$（毫巴）。

　　在黏滯流範圍（$\overline{P}d \geq 0.6$ 毫巴·厘米），室溫 293 K 及空氣的情況可用下式計算氣導 C：

$$C = 195\,(A^2/L)\,Y\,\overline{P} \quad 公升／秒$$

式中 Y 為一與 a/b 有關的因子，其值由實驗得到如下：

a/b	1	0.9	0.8	0.7	0.6	0.5	0.4	0.3	0.2	0.1
Y	1	0.99	0.98	0.95	0.90	0.82	0.71	0.58	0.42	0.23

5.3.3 任何形狀斷面的管路的氣導

　　任何形狀斷面的管路，在絕對溫度 T K，任何莫耳質量為 M 的氣體，適用於所有氣流範圍的氣導通式如下：

1. 長管

管長為 L 厘米，斷面面積為 A 厘米^2，斷面的週長（circumference）為 U 厘米，則氣導為：

$$C = (8/3\sqrt{\pi})(\sqrt{2kT/m})(A^2/UL)$$
$$或 C = (34.4/\sqrt{\pi})(\sqrt{T/M})(A^2/UL)$$

此通式若用室溫 20℃ 及空氣，則可用下數字代入：

$$\sqrt{T/M} = \sqrt{293/29} = 3.18$$

若為圓形斷面管則可用 $A = \pi r^2$，$U = 2\pi r$ 代入，其結果可化為與前述圓形斷面管適用於所有氣流範圍的通式相同的公式。

2. 短管

任何形狀斷面的短管其管路的氣導可用長管的公式加一端效應的修正如前述圓形斷面管者，但亦可將短管視為一長管加一孔道，即：

短管的阻抗 R = 長管的阻抗 R_L + 孔道的阻抗 R_A
或用氣導表示則 $1/C = 1/C_L + 1/C_A$

式中 C 為短管的氣導，C_L 及 C_A 分別為長管與孔道的氣導。

關於孔道的氣導見下節。

5.4 薄壁上孔道的氣導

孔道（aperture）實際即為一通孔，孔的形狀通常為圓形但並未有此限制。理論上討論薄壁上孔道的氣導可將孔道視為一管，而管長趨近於零。以下的孔道氣導公式即根據此假定 [3] 而導出者。

5.4.1 任何形狀斷面的孔道

孔道有任何形狀的斷面其面積為 A 厘米^2，因為孔道具有阻抗，故其兩側壓力不相等。若薄壁兩側的壓力分別為 P_1（毫巴）及 P_2（毫巴），而 $P_1 > P_2$。

1. 黏滯氣流範圍

在黏滯氣流範圍（$\bar{P}d \geq 0.6$ 毫巴·厘米），假定為 293 K 室溫的空氣，則孔道的氣導為一相當複雜的公式，茲簡化寫成：

$$C = F1/F2 \quad 公升／秒$$

F1 及 F2 代表函數如下：

$$F1 = 76.6 \, (P_2/P_1)^{0.72} \, [1 - (P_2/P_1)^{0.258}]^{1/2} \, A$$
$$F2 = 1 - (P_2/P_1)$$

2. 分子氣流範圍

在分子氣流範圍（$\bar{P}d < 0.013$ 毫巴·厘米），絕對溫度 TK，任何莫耳質量為 M 的氣體，面積為 A 厘米^{2}的任何形狀孔道的氣導公式如下：

$$C = 3.64 \, A \, (T/M)^{1/2} \quad 公升／秒$$

假定 T 為室溫 293 K，氣體為空氣，則上式變為僅與孔道的斷面積有關的公式：

$$C = 11.6 \, A \quad 公升／秒$$

---

3 實際設計孔導時應考慮壁的厚度的修正

應注意此處的孔道壁為理想的薄壁，而孔道兩測的壓力範圍均在分子氣流範圍。

3. 利用孔道的氣導計算短管氣導

在分子流範圍，絕對溫度 TK，任何莫耳質量為 M 的氣體，斷面為任何形狀短管的氣導可由長管及孔道的公式求得如下：

$$C = 3.64\sqrt{\pi}\sqrt{T/M}\,A\,/\,(3UL\,/\,16A + 1)$$

5.5 管路中空氣以外其他氣體的氣導

以上所述各氣導或阻抗的公式，其中大部分係假定管路中的氣體為空氣，但在實際操作時真空系統中的氣體常非空氣。一般考慮不同氣體的方法係用修正因子（correction factor）來作修正。以下為各種氣體在 20℃ 相對於空氣在管路氣導的修正因子：

氣體	黏滯氣流	分子氣流
空氣	1.0	1.0
氧氣	0.91	0.947
氮氣	1.05	1.013
氦氣	0.92	2.64
氫氣	2.07	3.77
二氧化碳	1.26	0.808
水蒸氣	1.73	1.263

5.6 真空系統有效抽氣速率

除非真空幫浦口直接連接在真空系統，例如真空室等的抽氣口，通常真空幫浦與真空系統間常有管路，接頭，真空閥以及其他的真空分件等連接。而此等真空分件均有阻抗，因此真空系統的抽氣口處的抽氣速率小於真空幫浦的抽氣速率。前章所述測定真空幫浦的抽氣速率，實際上係在該測試設備抽氣口的抽氣速率，若要求真空幫浦的抽氣速率，則應考慮此抽氣口至真空幫浦抽氣口間的氣導。真空幫浦的抽氣速率 S_0，真空系統的抽氣口處的抽氣速率，稱為有效抽氣速率（effective pumping speed）S_{eff}，以及兩者間的總氣導 C 有以下的關係：

$$1/S_{eff} = 1/C + 1/S_0$$

此式可化為：

$$S_{eff} = S_0 / (1 + S \cdot R)$$

分析幫浦的抽氣速率與氣導的值比較可知：

$$S_0 \gg C : S_{eff} \to C$$

此表示無論幫浦的抽氣速率如何加大，而真空系統的抽氣口處的有效抽氣速率不可能大於真空系統的抽氣口至真空幫浦抽氣口間的氣導值。

$$S_0 = C : S_{eff} \to S_0 / 2$$

此表示若幫浦的抽氣速率等於真空系統的抽氣口至真空幫浦抽氣口間的氣導值，則真空系統的抽氣口處的有效抽氣速率約等於幫浦的抽氣速率之半。

$$S_0 \ll C：S_{eff} \to S_0$$

此表示若真空系統的抽氣口至真空幫浦抽氣口間的氣導值較幫浦的抽氣速率大很多，則真空系統的抽氣口處的有效抽氣速率可約等於幫浦的抽氣速率。

總之，加大幫浦的抽氣速率並不很有效，而改進管路的氣導為最佳增加有效抽氣速率的方法。設計管路其氣導應愈大愈佳。以上的分析亦可由圖 5.2 的有效抽氣速率對幫浦抽氣速率曲線得知。

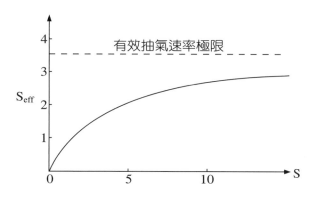

圖 5.2　有效抽氣速率對幫浦抽氣速率曲線

5.7 抽氣速率損失

抽氣速率損失（pumping loss）Ls 代表因為有阻抗使有效抽氣速率損失的百分比，其定義為：

$$Ls = (S_0 - S_{eff})/S_0$$

代入有效抽氣速率的公式，可得

$$Ls = S_0 \cdot R /(1 + S_0 \cdot R) = S_0 /(S_0 + C)$$

分析幫浦的抽氣速率與氣導的值比較可知：

$$S_0 \gg C : Ls \rightarrow 1$$

此表示若幫浦的抽氣速率較真空系統的抽氣口至真空幫浦抽氣口間的氣導值大很多，則抽氣速率損失接近百分之百。

$$S_0 = C : Ls \rightarrow 1/2$$

此表示若幫浦的抽氣速率與真空系統的抽氣口至真空幫浦抽氣口間的氣導值相等，則抽氣速率損失接近百分之五十。

$$S_0 \ll C : Ls \rightarrow S_0 / C$$

此表示若幫浦的抽氣速率較真空系統的抽氣口至真空幫浦抽氣口間的氣導值小很多，則抽氣速率損失很小，接近一常數 S_0 / C。圖 5.3 為抽氣速率損失與氣導對抽氣速率比的關係。

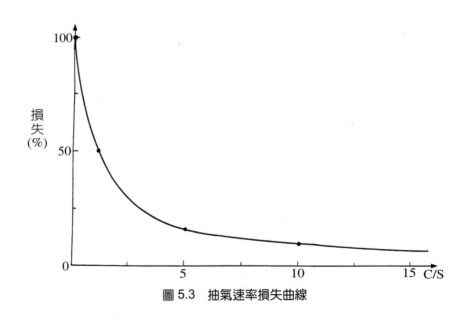

圖 5.3　抽氣速率損失曲線

5.8 氣體分子的平均自由動徑

在第二章討論真空中氣流形態時所用的重要參數為氣體分子的平均自由動徑（mean free path），其為氣體分子運動時各個分子在碰撞其他分子前所行走的距離的平均值。氣體分子的平均自由動徑與氣體分子的種類，氣體分子密度（molecule density），及溫度有關，其公式導出如下：

5.8.1 氣體的平均自由動徑公式

1. 任何氣體分子之平均自由動徑

若氣體分子半徑為 r，單位體積內的氣體分子數為 n，在溫度 T K 時氣體分子之平均自由動徑 λ 為：

$$\lambda = 1/[\sqrt{2}\pi n\,(2r)^2]$$

代入理想氣體定律：$P = nkT$

則可得 λ 與壓力的關係為：

$$\lambda = kT/[\sqrt{2}\pi P\,(2r)^2]$$

選擇分子半徑 r 的單位為厘米，λ 的單位亦為厘米，及壓力的單位為毫巴，則得：

$$\lambda = 3.11 \times 10^{-20}T/[\sqrt{2}P\,(2r)^2]$$

2. 空氣分子的平均自由動徑

習慣上平均自由動徑的公式多以空氣及室溫 293K 的情況來計算，故以空氣分子的平均直徑為 3.76×10^{-8} 厘米代入上式可得：

$$\lambda = 6.45 \times 10^{-3}/P$$

式中 P 的單位為毫巴。此即第二章所用的公式。

5.9 氣體分子間平均碰撞率

氣體分子間平均碰撞率（average collision, rate）Z 為單位時間內氣體分子之間互相碰撞的次數。此碰撞率與氣體分子的平均自由動徑及氣體分子的平均速率有關，可以下式表示：

$$Z = v_{ave}/\lambda$$

其中 v_{ave} 為氣體分子的平均速率，λ 為氣體分子的平均自由動徑。

代入理想氣體定律，則可得：

$$Z = 1.87 \times 10^{24} \, pr^2/(MT)^{1/2}$$

式中 p 為壓力單位為毫巴，r 為氣體分子半徑單位為厘米，M 為氣體莫耳質量，T 為絕對溫度單位為 K。

假定氣體為空氣。其平均分子半徑為 1.88×10^{-8} 厘米，則

$$Z = 6.6 \times 10^8 \, p/(29T)^{1/2}$$

以室溫 293K 代入，則

$$Z = 7.2 \times 10^6 \, p \quad 次／秒$$

由上式可知在真空系統中，若壓力已進入高真空範圍，實際上氣體分子互相碰撞的機會不大。例如在 10^{-6} 毫巴的高真空，氣體分子每秒互相碰撞少於 10 次。

5.10 單分子層附著時間

在第一章曾介紹過單分子層附著時間（mono-molecular layer time）簡稱單層時間（mono layer time）為在潔淨固體表面上附著一層氣體分子所需的時間。此單層時間取決於單位時間內氣體分子碰撞在固體表面單位面積上的分子數。故單分子層附著時間的公式係由以下將敘述的氣體分子撞擊率導出。

5.10.1 氣體分子撞擊率

氣體分子撞擊率（impingement rate）Φ，亦稱為分子通量（molecular flux）為單位時間內氣體分子碰撞在固體表面單位面積上的分子數。根據氣體動力學，氣體分子撞擊率的公式為：

$$\Phi = nv_{av}/4$$
$$= n[2kT/(\pi m)]^{1/2}/2$$

其中 n 為分子密度，v_{av} 為平均速率，T 為絕對溫度，m 為分子質量，k 為波滋曼常數 Φ 化單位並代入理想氣體定律可得：

$$\Phi = 2.635 \times 10^{22} [p/(MT)^{1/2}]$$

式中 p 為壓力單位為毫巴，M 為莫耳質量。

若以室溫 T＝293K，氣體為空氣，其平均莫耳質量為 29，則

$$\Phi = 2.85 \times 10^{20} p \quad 分子／（厘米^2 \cdot 秒）$$

5.10.2 單層時間公式

單分子層附著時間可由氣體分子撞擊率以及被附著的固體表面的性質導出如下：

$$t_{mono} = \Phi_m / (\Phi \cdot f)$$

式中 t_{mono} 為單層時間，Φ 為氣體分子撞擊率，Φ_m 為固體表面單位面積上可供氣體分子附著的自由空間，f 為黏著機率（sticking probability）為氣體分子碰撞固體表面後黏著於其上的機率。

Φ_m 可以下式估算：

$$\Phi_m = 1/(2r)^2$$

式中 r 為氣體分子半徑。

黏著機率為 0 與 1 間的數值，假定 f = 1 及氣體為空氣，則

$$t_{mono} = 3.2 \times 10^{-6}/p \quad 秒$$

p 的單位為毫巴。

Chapter 6
測漏技術與清潔方法

6.1 真空系統的漏氣

真空系統的構成不論為金屬如不鏽鋼，無氧銅，或鋁合金等，或為非金屬如玻璃或石英等的製品，多係由各組件組成。因此要達到絕對不漏氣為不可能，換言之，沒有絕對不漏氣的真空系統。真空系統是否漏氣應有一定的標準，不同的用途，不同的真空範圍此標準各異。實際應用時可根據漏氣的定義來確定真空系統有無漏氣，如此即可免除不必要的浪費時間，人力及金錢去找漏，甚至驗收儀器設備時的糾紛。

6.1.1 漏氣的定義

漏氣的定義為氣體由真空系統的外部經由漏氣的途徑進入真空系統的內部即為漏氣。根據此定義則任何真空系統均有漏氣。實際應用時並不以此定義來決定真空系統有無漏氣，而係根據以下兩條件來確定真空系統為不漏氣。

1. 真空系統不漏氣的條件

真空系統既然不可能絕對不漏氣，但是在符合以下條件的情況可視為不漏氣：

(1)真空系統最終壓力（ultimate pressure）可以達到。

(2)真空系統的操作壓力範圍（operational pressure range）在合理的時間內可以達到並維持。

2. 密封系統與緊密系統

一般不漏氣的真空系統或真空裝置，習慣上有用密封系統（hermetic seal）或緊密系統（tight seal）兩種不同的名詞來表達，其區別為：

(1)密封系統

用最靈敏的測漏儀也不能測出漏氣的系統。

(2)緊密系統

所測到的漏氣率不會超過所要求的規格範圍的系統。

雖然很多文獻或技術資料常用密封系統表示其真空系統或真空裝置為不會漏氣，但所稱最靈敏的測漏儀並無定義，故著者不建議用此名詞。根據以

上對漏氣的討論可見緊密系統較為適用。

6.1.2 漏氣的途徑

上節所述漏氣的定義所稱的氣體由真空系統外部進入真空系統內部的途徑應與組成真空系統各部分的材料及其製造加工有關。主要包括有：

1. 材料製造加工

材料製造過程及加工處理會有以下的漏氣的途徑產生的可能：

(1)小孔

(2)裂縫

(3)焊接道的裂痕

(4)材料加工的紋理

2. 材料本身的性質

用來作真空系統的主體如真空室，或真空分件及零件如管路，氣密襯墊，絕緣體等的材料其本身即具有某種性質可能為漏氣的途徑。只要選用此種材料即無法避免由材料本身的性質所存在的漏氣途徑。

(1)多孔性材料的微孔

有些絕緣體如陶瓷及襯墊材料亦屬多孔性材料，故應考慮含有此類材料的真空分件可能的漏氣率。

(2)分子或晶體間隙的滲透（permeation）

滲透的機制為氣體分子經由材料的分子間隙或晶體晶格間的空隙穿過進入真空系統的內部，故根據漏氣的定義滲透應屬漏氣。除非更換不同材料，滲透係不可避免亦無法改進的過程，故有些書籍將滲透不認為係漏氣。滲透為材料的性質，任何材料均有滲透的可能，僅滲透的量因材料而異。滲透與溫度，氣體分子的大小，及氣體分子的濃度有關，例如玻璃及石英較易滲透而金屬材料則不易滲透。又氫氣及氦氣的分子很小故易於滲透。較大分子氣體如氧氣，氮氣等則不易滲透。滲透率（permeation rate）q_K 的理論公式如下：

$$q_K = K_p \, p/d$$

q_K 為滲透率單位為毫巴・米^3／（秒・米^2），K_p 為滲透係數（permeability）單位為米^2／秒，p 為滲透過固體厚度為 d 米的壓力差單位為毫巴。

K 與溫度的關係為：

$$K = K_0\, e^{-E/RT}$$

式中 K_0 為一常數，E 為活化能（activation energy）與滲透的材料有關，R 為通用氣體常數（universal gas constant），T 為絕對溫度。

在室溫氦氣穿過玻璃的滲透率約為 5×10^{-12} 托爾・公升／（秒・厘米^2），但滲透率隨溫度的變化係指數上升。石英的滲透率較玻璃為高，因石英為純晶體故氣體分子易由其晶格間隙中穿過，一般的鈉玻璃其晶格間被鈉所佔，故滲透率反較石英為低。

滲透實驗用一壁厚度為 1 毫米的球形容器，內部為超高真空外部為大氣壓力。在溫度為 25℃ 的情況下，大氣中的氫氣經由滲透進入真空室內，氫氣的部分壓力隨時間上升的曲線如圖 6.1 所示。圖中可見，即使金屬如不鏽鋼等亦可漏入氫氣，故在超高真空系統中有些真空分件雖用不鏽鋼製成但若厚度很薄，例如機械導引或真空閥所用的不鏽鋼彈簧箱（bellow）等，則仍有氫氣與氦氣滲透入真空系統的可能。

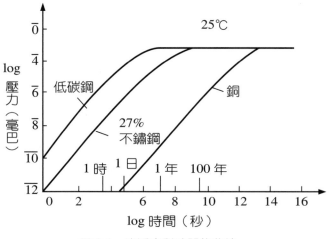

圖 6.1　滲透率對時間的曲線

6.1.3 漏氣的判定

當真空系統操作時不能達到預期的壓力範圍，或操作時間超過正常操作時間太多才能達到預期的壓力範圍，此時常被懷疑真空系統漏氣。事實上亦有並非漏氣亦會發生上述的情形，此即所謂假漏（virtual leak）。故在進行測漏，找漏，或堵漏的行動前應先判定真空系統是否有真漏（real leak）。

1. 假漏與真漏

(1)假漏

真空系統中所有可能產生氣體的機制均屬於假漏，例如真空室器壁吸附的氣體及器壁內部陷捕的氣體或溶解的氣體等經由擴散的機制至內部表面，以及任何蒸氣壓高的物質包括污染等在真空室內蒸發均為假漏。假漏的現象有一特點，即上述發生的氣體其壓力達與其周圍壓力相等時即產生平衡，故壓力不再上升（見下節）。

(2)真漏

真漏即所謂真空系統的漏氣。真漏為從真空系統中的外部，氣體經由任何途徑進入真空系統中內部的機制。真漏若不被阻止，而真空系統停止抽氣，則真空系統中的壓力最後應達到一大氣力。

2. 判定漏氣的方法

常用簡單判定假漏與真漏的方法係將真空系統停止抽氣，亦即將抽氣的真空幫浦至真空系統間的隔斷閥（isolation valve）關閉。然後從真空計上紀錄停止抽氣後真空系統中的壓力變化的情形。如圖 6.2 所示為一實際操作例，其中壓力隨時間直線上升為真漏，壓力上升至一定值後即停止不變則為假漏。若真空系統中同時有假漏與真漏，則呈持續上升的曲線。

6.1.4 真空系統的可允許漏氣率

真空系統的可允許漏氣率（permissible leak rate）應視其操作壓力範圍及應用需要而定。以下所列為以真空範圍大略估計的可允許漏氣率。

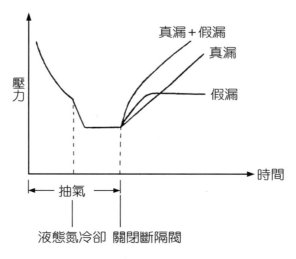

圖 6.2　假漏與真漏的判定方法

1. 粗略真空系統

　　真空系統操作壓力範圍為粗略真空，從大氣壓力 1013 毫巴至 1 毫巴：可允許漏氣率約為 1 毫巴·公升／秒。

2. 中度真空系統

　　真空系統操作壓力範圍為中度真空，從 1 毫巴至 10^{-3} 毫巴：可允許漏氣率約為 10^{-2} 毫巴·公升／秒。

3. 高真空系統

　　真空系統操作壓力範圍為高真空，從 10^{-3} 毫巴至 10^{-7} 毫巴：可允許漏氣率約為：10^{-5} 毫巴·公升／秒。

4. 超高真空系統

　　真空系統操作壓力範圍為超高真空，壓力低於 10^{-7} 毫巴：可允許漏氣率約為：10^{-9} 毫巴·公升／秒。

5. 真空系統可允許漏氣率的實例

　　常用的真空儀器與設備的可允許漏氣率（單位為毫巴·公升／秒）

(1)真空烤箱：2.5×10^{-2}

(2)真空金屬鑄造爐：10^{-3}

(3)分子蒸餾裝置：10^{-3}

(4)真空金屬冶煉爐：10^{-6}

(5)高真空抽氣裝置：$10^{-5}\sim10^{-6}$

(6)粒子加速器：$10^{-7}\sim10^{-8}$

(7)超高真空分析儀器：$10^{-8}\sim10^{-10}$

6.真空系統中接合部分的最大允許漏氣率

真空系統的各接合部分包括可拆性與固定性接頭等的最大允許漏氣率（單位為毫巴‧公升／秒）

(1)焊接道：每厘米焊接道長度的漏氣率為：2×10^{-8}

(2)彈性體（elastomer）襯墊：每厘米襯墊長度的漏氣率為：6×10^{-8}至8×10^{-9}（用於有冷凍處的襯墊取低值）

(3)無氧銅（OFHC）襯墊：每厘米襯墊長度的漏氣率為：3×10^{-8}

(4)玻璃磨砂接頭：每厘米長度的磨砂接頭漏氣率為：8×10^{-3}至8×10^{-2}

7.真空分件的最大允許漏氣率

真空分件的最大允許漏氣率（單位為毫巴‧公升／秒）

(1)用彈簧箱（bellow）作傳動密封的真空閥：10^{-6}

(2)用維通（Viton）作傳動密封的真空閥：10^{-6}

(3)全金屬真空閥（傳動密封及閥門氣密襯墊均為金屬）：10^{-9}至10^{-12}

(4)用彈簧箱（bellow）作傳動密封的吊耳閥（flap valve）：10^{-7}

(5)直角閥（用軸封墊作傳動密封，O形圈與閥座為氣密襯墊）：10^{-5}

(6)以威爾松襯墊（Welson seal）作傳動密封的慢速轉動機械導引（mechanical feedthrough）：3×10^{-6}

(7)以威爾松襯墊（Welson seal）作傳動密封的靜止機械導引：10^{-6}

(8)以鐵氟隆（Teflon）作傳動密封的直線運動機械導引：6×10^{-7}

(9)以金屬接合陶瓷為密封的電導引（electric feedthrough）：10^{-10}

8.估算真空系統的可允許漏氣率

真空系統可允許漏氣率的估算可用下例說明：

假定一真空系統設計的操作壓力範圍在10^{-6}毫巴，而該系統選用一幫浦的平均抽氣速率為100公升／秒。則幫浦抽氣的氣流通量 Q 為：

$$Q = p \cdot S = 10^{-6} \times 100 = 10^{-4} 毫巴 \cdot 公升／秒$$

假定真空系統無放氣等的情形，則可認為在平衡狀態下幫浦抽氣的氣流通量等於漏入真空系統內氣體的氣流通量（即漏氣率）。故此真空系統的漏氣率 Q_l 為：

$$Q_l = p_a \cdot S_l = Q = 10^{-4} 毫巴 \cdot 公升／秒$$

設計時應考慮此幫浦所抽的氣體並非僅有漏入的氣體，即幫浦抽氣的氣流通量應包含除漏入氣體外，尚有由容器內表面釋放的氣體，系統中其他可能的放氣（outgassing）來源等。在設計時如包括以上所述的氣體來源，則實際能允許的漏氣應較小，故不能採用以上計算所得的漏氣率，而應為：

$$(Q_l + Q_{out} + Q_{des}) = p \cdot S$$

式中 Q_{out} 為放氣率，Q_{des} 為釋氣率。

放氣率及釋氣率要視真空系統的構造，材料及其處理等而定，通常不易取得資料，因此計算可允許漏氣率時要減除放氣率及釋氣率並不容易。一般簡單的設計方法可將上述未考慮放氣率及釋氣率所計算的漏氣率乘一修正因子，通常用 1/10，如此則上述計算的可允許漏氣率可選為：10^{-5}毫巴。公升／秒。此結果與上述高真空系統的可允許漏氣率頗為一致。

6.1.5 漏氣率測定法

漏氣率的測定包括有測定時不用真空幫浦抽氣的靜態法及用真空幫浦抽氣的動態法。所測定的漏氣率為被測真空系統的總漏氣率，即可能僅有一個漏處，亦可能有多個漏處。以下分別介紹此兩種方法：

1. 靜態測漏法

靜態測漏法（static testing）亦稱為測試氣體累積測漏法（test gas accumulation testing）。測試系統有一包覆罩（envelope）或測試室（testing chamber）其體積為 V，待測件置於室內。一氦氣瓶供應氦氣由管路經控制閥放入真空系統中。漏出的氦氣至包覆罩內而被測漏儀（leak detector）所偵測。靜態測漏法測試系統如圖 6.3 所示。

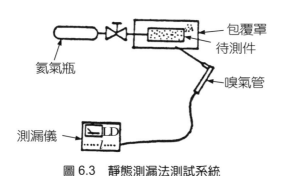

圖 6.3　靜態測漏法測試系統

　　若測得包覆罩內的壓力變化率 dp/dt，則漏氣率 $Q_l = V(dp/dt)$。

　　此法要求包覆罩體積 V 為已知。對於大型真空系統有困難，適合用於線上檢測小型真空件如燈泡等。

2. 動態測漏法

　　動態測漏法有兩種方式：

⑴動態測漏法(A)：

　　測試系統如圖 6.4 所示。待測真空系統內充測試氣體（氦氣），包覆罩由真空幫浦抽氣，測漏儀裝設在抽氣管路上。

　　若包覆罩內的壓力 p 維持不變，而真空幫浦的抽氣速率為 S，則被幫浦所抽氣體的氣流通量 Q 為：

　　Q = Sp

　　若真空系統內的氦氣漏出的漏氣率為 Q_l，漏出的氦氣被真空幫浦抽出達平衡狀態後，包覆罩內的壓力 p 維持不變，則漏氣率即等於幫浦所抽氣體的氣流通量 Q，故

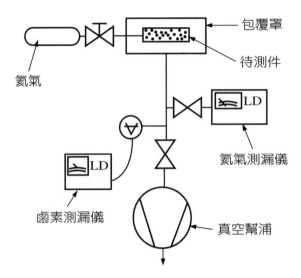

圖 6.4　動態測漏法測試系統(A)

$$Q_l = Q = Sp$$

　　此方法並不要求包覆罩體積 V 為已知[1]，測漏儀或真空計測定壓力後即可由真空幫浦的抽氣速率求得真空漏氣率。

(2)動態測漏法(B)：

　　測試系統如圖 6.5 所示。包覆罩內充測試氣體（氦氣），待測真空系統由真空幫浦抽氣，而測漏儀裝設在抽氣管路上。

　　在未達到壓力平衡前，待測真空系統的壓力變化率為 dp/dt，包覆罩內的氦氣漏入待測真空系統的漏氣率為 Q_l，幫浦所抽氣體的氣流通量 Q＝Sp，真空系統的壓力為 p，S 為真空幫浦的抽氣速率，又真空系統的體積為 V，則真空系統的氣流通量變化應等於氦氣漏入待測真空系統的漏氣率減去幫浦所抽氣體的氣流通量，即

$$V\,(\,dp/dt\,) = Q_l - Sp$$

---

[1]　理論上在未達壓力平衡前動態壓力變化見下節

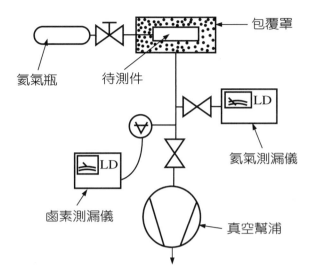

氦氣瓶　　　待測件

包覆罩

LD

氦氣測漏儀

LD

鹵素測漏儀

真空幫浦

圖 6.5　動態測漏法測試系統(B)

假定最初時間 t＝0 尚無氦氣漏入，此時真空系統中的最初壓力為 p_0。氦氣開始漏入至某一時間 t，此時真空系統中的壓力為 p，上式積分可得

$$p = (Q_l/S)[1 - \exp(-St/V)] + p_0 \exp(-St/V)$$

長時間後漏入的氦氣壓力與被真空幫浦抽出的氣體壓力相等，即達平衡狀態。在上式則指數項趨近於零，故可變為：

$$p = (Q_l/S)$$

此式雖與 A 法者同，但其操作方法不同，實際應用時視真空系統的配備而定。

6.2 找漏與堵漏

上述測定漏氣率的方法所測者為被測真空系統的總漏氣率。測定漏氣率僅能判定真空系統是否有漏？或更正確的說，是否其漏氣低於可允許漏氣率，但並不能確定漏氣的位置。即真空系統可能僅有一個漏處，亦可能有多個漏處。在實際操作真空系統時如發現有漏氣時必須找尋漏氣的所在，即所謂的找漏（leak hunting）。找漏並無一定的法則，大多數人相信用儀器必然能測漏或找漏，姑不論此種說法是否正確，但是找漏用儀器加上經驗才會事半功倍。一旦找到漏源，即可採取暫時性或求久性消除此漏源。

6.2.1 找漏法的基本方法

找漏法亦稱為測漏法，主要係找尋漏氣的所在。雖然不靠任何儀器完全憑經驗找漏的專家確有人在，但是有儀器幫助其效果更佳。

一般測漏均以偵測從真空系統外部漏入內部的氣體為常用的方法，但亦有將真空系統充氣而偵測從真空系統內部漏至外部的氣體。後者除下節漏氣率測定法所述的以氦氣測漏儀偵測不須充入高壓氣體外，一般所用充入高壓氣體的氣泡測漏法的靈敏度均很低，故本書並不建議採用。茲舉例比較兩種方法如下：

1.壓力上升法

此方法係利用真空計或測漏儀測定氣體從真空系統外界漏入真空系統內內壓力上升。

假定一真空系統的漏氣率Q_l為 1×10^{-5}毫巴·公升／秒，而此真空系統在壓力平衡時的壓p_0為 1×10^{-5}毫巴。又假定真空系統的體積為 1 公升，則漏入真空系統內氣體的氣流通量 Q_l為：

$$Q_l = p_a \cdot S_l$$

S_l為漏入真空系統內氣體的體積流率，p_a為大氣壓力 = 1013 毫巴（約10^3毫巴）。

故漏入真空系統內的氣體體積流率為：

$$S_l = 1 \times 10^{-5}/10^3 = 10^{-8} 公升／秒$$

假定漏氣為 1 分鐘時間，則有 6×10^{-7} 公升的 1 大氣壓氣體漏入真空系統。因真空系統的體積為 1 公升，則根據波義耳定理此漏入的氣體在真空系統中的部分壓力 p_l 可求得如下（漏進的氣體的最初體積與系統的體積比較，在計算時可以忽略）：

$$10^3 \times 6 \times 10^{-7} = p_l \times 1$$
$$p_l = 6 \times 10^{-4} 毫巴$$

p_l 實即為 1 分鐘後真空系統中增加的壓力 δp，故壓力增加比例為：

$$\delta p = 6 \times 10^{-4}/10^{-5} = 60$$

顯然此壓力的變化在真空計或測漏儀上很容易偵測。

2. 充氣測漏法

若將真空系統充氣，例如常用的氣泡測漏法，充入氣體要大於 1 大氣壓力。假定充入氣體壓力為 2000 毫巴，此時系統中的氣體係向外漏。因為漏孔相同，漏出氣體的漏氣率亦為 1×10^{-5} 毫巴‧公升/秒，則 1 分鐘時間後漏出的氣體的量為：

$$60 \times 10^{-5} 毫巴‧公升 = 6 \times 10^{-4} 毫巴‧公升$$

真空系統的體積為 1 公升，於充氣後系統中的氣體最初的量為：

$$2000 \times 1 毫巴‧公升 = 2000 毫巴‧公升$$

1 分鐘時間後系統中氣體的量因漏氣而減少的量為：

$$2000 - 6 \times 10^{-4}$$

因為系統的體積仍為 1 公升，故其中壓力降低的量為：

$$\delta p = (2000 - 6 \times 10^{-4})/1 = (2000 - 6 \times 10^{-4}) \text{ 毫巴}$$
或壓力降低比例為：$\delta p/p = (2000 - 6 \times 10^{-4})/2000 = 1 - 3 \times 10^{-7}$

顯然此極小的壓力變化很難量測，故氣泡測漏法需要很長時間才能獲得足夠氣壓形成一個氣泡。因此充氣法為靈敏度非常低的測漏，尤其對微漏事實上為無效。

真空系統充氦氣而於外部找漏孔則與上述者不同，因氦氣很容易由微孔或縫中漏出，一般並不須加高壓，故相對的壓力降低比例變化可很大（見下節）。

6.2.2 測漏儀找漏

測漏儀的種類頗多，因其所用的原理及構造性能故其靈敏度及所用的真空範圍亦有差異。本節將介紹常用的測漏儀及其操作找漏。

1. 放電管

過去放電管（discharge tube）在真空技術發展的早期係被用作真空計，但因放電管並不能直接顯示真空壓力，故現在已很少有用作真空計者。放電管為用玻璃製成的兩極管，如圖 6.6 所示，此兩極為正負極其間加高電壓。放電管上有一接真空系統的支管。當真空系統內壓力從大氣壓力降至約數毫巴時，兩極間即開始產生輝光放電（glow discharge）。此放電現象在壓力下降時逐漸變暗，至壓力低於 0.1 毫巴時則幾乎全暗。放電管用作測漏在此真空壓力區間頗為有效。通常輝光放電呈紅色，找漏時用水或酒精噴洒在可能為漏處。若該處確為漏孔則水或酒精由此漏處進入真空系統中後氣化，在放

電管內則因此些氣體分子存在而使輝光放電的顏色變成乳白色。

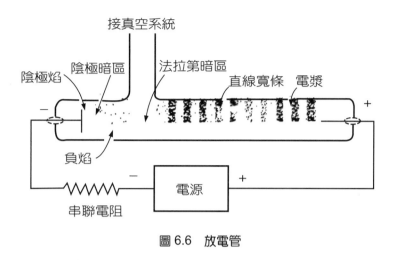

圖 6.6　放電管

2. 氦氣測漏儀

　　氦氣測漏儀（helium leak detector）為目前最普遍應用的測漏儀。實際上氦氣測漏儀即為一小型氣體質譜儀（gas mass spectrometer）而專門測定氦氣者。因其為質譜儀，必須操作在高真空範圍，故需要有真空幫浦維持儀器的高真空。傳統的氦氣測漏儀用小型擴散幫浦及其前段幫浦抽高真空，因為使用的場地可能並無冷卻水源，故其冷卻用氣冷式。因此必須用液態氮以防幫浦的油蒸氣回流至質譜儀。新式的氦氣測漏儀則用渦輪分子幫浦及其前段幫浦抽高真空，故無油蒸氣回流的問題。應注意此種新式的氦氣測漏儀若用於有污染性的真空系統測漏時必須防止渦輪分子幫浦被污染。渦輪分子幫浦的葉片若被污染其清潔頗困難，若未清潔而繼續使用會使幫浦損壞。

(1) 氦氣測漏儀的構造

　　氦氣測漏儀的構造如圖 6.7 所示，質譜儀為 180 度磁場式，離子源為電子撞擊式。氣體包括由漏氣而來的氦氣在離子源內被離子化後進入磁場。僅質量數（mass number）為 4 的氦離子可以通過設定磁場半徑的狹縫而被偵測器所偵測。氦氣測漏儀的真空系統為一氣冷式擴散幫浦及其前段滑翼迴轉幫浦，並有一液態氮冷凝陷阱連接在擴散幫浦抽氣口以陷捕油

蒸氣。測漏儀與待測真空系統間有一喉閥（throttling valve）係用以控制流到質譜儀中氣體的量，以確保質譜儀內的高真空。

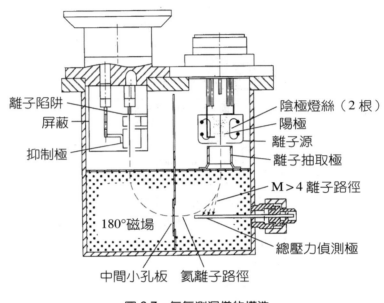

離子陷阱
屏蔽
抑制極
陰極燈絲（2 根）
陽極
離子源
離子抽取極
M＞4 離子路徑
180°磁場
總壓力偵測極
中間小孔板　氦離子路徑

圖 6.7　氦氣測漏儀的構造

(2)氦氣測漏儀與待測漏真空系統的連接

　　最常用的方法為氦氣測漏儀直接連接至待測漏的真空系統，如圖 6.8 所示。此種方法適合於高真空及超高真空系統。另一種連接方法為將氦氣測漏儀直接連接在待測漏的真空系統的前段管路例如擴散幫浦或渦輪分子幫浦連接至滑翼迴轉幫浦的管路，如圖 6.9 所示。此種方法因漏入的氦氣經過幫浦壓縮後可提高其密度，故測漏的靈敏度可提高。但因接在前段管路的壓力很高故連接至測漏儀的喉閥必須關小以免使質譜儀中的壓力增高超過其限度。此外若待測漏真空系統為高真空及超高真空系統，亦可將氦氣測漏儀的質譜儀部分直接連接至待測漏真空系統，即利用其高真空幫浦抽氣。此種方法亦可提高測漏的靈敏度，但使用時應注意不可影響待測漏真空系統的真空度。

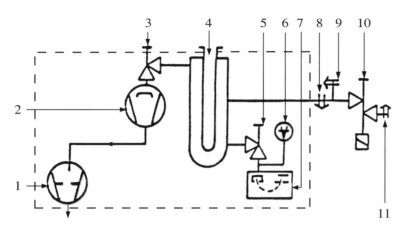

1 前段幫浦；2 擴散幫浦；3 噴喉閥；4 冷凝陷阱；5 隔斷閥；6 派藍尼真空計；
7 質譜儀；8 法蘭盤；9 漏氣標準校正口；10 進氣閥；11 待測漏真空件

圖 6.8　測漏儀直接連接至待測漏的真空系統

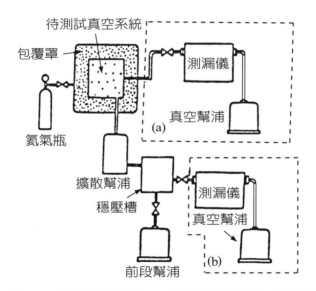

圖 6.9　測漏儀直接連接在待測漏的真空系統的前段管路

(3) 氦氣測漏儀用嗅氣管（sniffer probe）找漏

　　若待測漏真空系統無可接測漏儀的通口但有進氣裝置，則可將氦氣充
入真空系統內而由系統的外部用嗅氣管（sniffer probe）在可疑的位置找
漏。因氦氣很易從漏孔或裂縫等漏處逸出，故充氦氣並不需要太高的壓
力。

3.鹵素測漏儀

鹵素測漏儀（halogen leak detedtor）為一種靈敏度很高但構造簡單的測漏儀。其構造如圖 6.10 所示，具有一白金（鉑）製的圓筒陽極，筒內有一加熱燈絲。當圓筒陽極被加熱至高溫約 800 至 900℃，鉑即發射正離子，離子電流則被陰極收集。測漏儀裝在待測漏真空系統上，操作時將測漏液體（或氣體）噴灑在可疑的位置，如果該處為漏孔或裂縫等漏處，則測漏液體進入真空系統而形成蒸氣。因為鹵素氣體遇加熱的鉑會產生大量的離子，故用鹵素化合物作測漏液體（或氣體）找到漏處時測漏儀即顯示出增加的離子電流。可用的鹵素化合物如氟利昂（Freon）12 或 22 等。

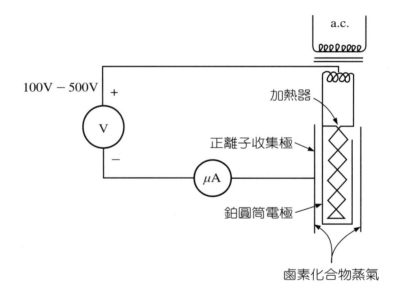

圖 6.10　鹵素測漏儀

鹵素測漏儀雖然靈敏度很高及構造簡單，但因一般真空系統或其零組件所用材料常含有鹵素，如常用作絕緣體或襯墊的鐵氟隆，用作擴散幫浦油的超氟化多元醚 Fomblin，或清潔溶劑三氯乙烯等均會有微量鹵素化合物蒸氣產生而導致假信號，故其使用有限制。

4.真空計找漏

如果真空系統的真空度在粗略真空至中度真空範圍,用氦氣測漏儀測漏相當困難。因為質譜儀必須維持在高真空,而測漏儀的真空幫浦負載有限,故必須利用喉閥限制其進氣量至很低。如此操作通常使測漏儀的靈敏度降低,測漏不易。著者的經驗認為在此真空範圍實際上氦氣測漏儀並不有效。真空計找漏為簡單有效的方法,原理上各種真空計均可用來找漏,但實際上在高真空以上的範圍利用離子真空計並不有效,故在此範圍測漏仍應以氦氣測漏儀為主。實際上真空計找漏多以熱傳導真空計為最常用,在粗略真空範圍則可用前述的放電管測漏。

(1)酒精測漏法

一般所謂的酒精測漏即係真空計找漏,最有效的真空範圍在粗略真空至中度真空。利用酒精為測漏液體,而真空計多為熱電偶真空計或派藍尼真空計。找漏時在可疑有漏的地方噴灑酒精,原則上由待測漏的儀器或設備的下方開始找漏,逐漸向上方找。若酒精噴灑在漏處時真空計上會顯示壓力下降然後再上升的現象。此由於酒精進入漏處暫時有堵漏的作用故真空系統中壓力下降。當酒精穿過漏處逸出至真空系統內部會立即變成蒸氣,故真空系統中的壓力再上升。

(2)氦氣測漏法

若用氦氣為測漏氣體時則正對可疑有漏的地方噴氦氣,因為氦氣較其他氣體易於穿過漏孔或縫隙,故若該處確為漏處則真空計上立即顯示壓力上升。根據著者的經驗,用氦氣測漏在粗略真空至中度真空範圍反應太快反不如用酒精測漏易於判斷。又氦氣很容易擴散,常會在某處噴氦氣雖然該處並非漏孔,但氦氣迅速擴散至其附近的真正漏孔進入真空系統造成壓力上升的現象,因此會誤判漏孔的位置。

6.2.3 漏氣的處理

經過測漏及找漏已確定漏氣的大小及所在位置後,再視實際情況來決定如何處理。原則上如漏處可修理則應優先作永久性修理,但有時限於環境及工作時間

而不能作永久性修理則可作暫時性堵漏。

1. 暫時性堵漏

暫時性堵漏係以堵漏劑（sealant）將漏處堵塞。通常暫時性堵漏並不能維持很久，故堵漏後若能作永久性修理則應再作修理。但若仍然限於環境無法作永久性修理則應注意該暫時性堵漏是否仍然有效，必要時應將舊堵漏劑清除另行再作堵漏。

(1)真空膠（lacquers or shellac）

真空膠為低蒸氣壓的膠狀液體，可用塗敷方式塗在漏處。有些商品為罐裝以噴霧方式使用，堵漏時可對正漏處噴膠。真空膠為一種成分，故可直接使用而不必另加溶劑或其他添加劑。真空膠乾後略具彈性，可適應不同的熱膨脹係數的金屬而保持真空緊密，但其不具有機械強度，在有機械力如重力，彎曲力，張力等處則不適用。

(2)環氧樹脂（epoxy resin）

環氧樹脂堵漏劑通常由兩種成分即樹脂與溶劑分別貯放。使用時按一定比例混合均勻後以塗敷方式塗在漏處。兩種成分經混合後即必須使用，因混合物很快即硬化故無法再用。環氧樹脂硬化後具有機械強度，可用在有機械力的地方，但其熱膨脹係數與金屬者有差異而又不具彈性，故日久後或真空系統經溫度變化如加熱及冷凍等，則堵漏的環氧樹脂會與金屬的結合處有裂縫或空隙而可能漏氣。如發現此現象時應即清除舊堵漏劑再另行作堵漏。

(3)真空水泥（cement）

真空水泥商品為罐裝泥漿狀物質，使用時以塗敷方式塗在漏處，乾燥後形成堅硬的塗層。真空水泥一旦從罐中取出即須使用，一經乾燥則成固塊即無法再用。此種堵漏劑因其成分中含有高蒸氣壓的物質故不適合用於高真空以上的系統。

(4)真空蠟（wax）

真空蠟實際上不應用作堵漏劑，因其含有高蒸氣壓的成分而且不能承受壓力。一般常用的真空蠟為軟如黏土的物質，可用手捏成任何形狀。真

空蠟通常用在找漏較堵漏更有效，即在可疑的漏處將真空蠟壓緊在該處，若該處確有漏氣則被暫時堵漏，此時真空系統中的壓力會立即下降。因真空蠟不能承受壓力，此種方法僅可用於漏處孔隙極小處。若漏孔或縫隙大至可肉眼觀察到，則應避免用真空蠟，因其會被吸入真空系統內部造成污染。

(5)用堵漏劑堵漏的方法

　　如何利用堵漏劑堵漏視漏氣率的大小及漏處的情況而定，通常若漏氣率小可不必停機而直接進行現場堵漏，但若漏氣率大，或漏孔很明顯則以停機堵漏比較保險。

(A)現場堵漏

當找到漏處時可用以上所述的堵漏劑直接用塗敷的方式或用噴塗的方式堵漏。原則上堵漏劑用量不多，故塗在漏處會立即乾固，此時可見真空系統的漏氣已被堵塞而壓力立即下降。

(B)停機堵漏

若漏孔或縫隙明顯很大則應停機堵漏，一般的操作停機後應先將真空系統放入大氣，如有必要可放入乾燥氮氣，然後在漏處塗敷堵漏劑。堵漏劑應完全乾固後真空系統才可抽真空，若要使堵漏劑加速乾燥，如堵漏劑為環氧樹脂或真空水泥，則可用加熱如吹風機，燈泡等烘烤，加熱應緩慢，溫度不可過高。如堵漏劑為真空膠則不宜加熱，相反的真空膠在低溫可加速硬化，故用冷風吹或將室內溫度調低即可。

2.永久性修漏

　　永久性修漏的含意為將漏氣的部分經處理後達到真空系統應有的不漏條件而非暫時性的堵塞漏處。顯然將漏氣的部分機件更換為不漏的部分機件為最有效的永久性修漏，但真空裝置或設備在製造時有些地方係利用焊接，此部分若有漏氣則必須修理。

(1)更換零件，分件，及襯墊

　　更換有漏氣的零件及分件如真空閥，機械導引，電導引等，或更換氣密襯墊如O形圈，無氧銅（OFHC）襯墊等均可稱為永久性修漏。此些零

組件及分件原則上可送至維修工場或原廠修漏，或自行修理。除非確無新品可更換外，在永久性修漏應以更換新品為最佳選擇。

(2)焊接道修理

焊接道修理的基本原則為將焊接部分的金屬完全清除乾淨再重新焊接。應注意絕不可在有漏焊接道上再補焊一道，因為焊接部分的金屬性質己改變，在其上再焊一道會因金屬的熱膨脹係數不同焊畢冷卻後產生應力反而使漏孔擴大。至於清除有漏焊接道的方法可用機械加工或手工完成。

6.2.4 有關漏氣的結論

1.錯誤或不良的真空系統設計

真空系統設計如材料或零件選用的不當，裝配方法不正確，操作使用超過設計的限度均會造成微漏。若不予改良或修理則會影響真空系統的最終壓力。例如真空管路的接頭位置設計不當即可能使接頭不能鎖緊造成微漏。兩法蘭盤相接時其間的氣密襯墊按裝位置偏移或裝配時螺栓的施力不均亦會產生漏氣。或者所用的無氧銅墊圈上有刮痕，例如有一條 0.25×10^{-6} 米深的刮痕即可能造成 10^{-6} 毫巴·公升／秒的漏氣率。

2.滲透為無法避免的漏氣

除非真空系統更換結構材料，滲透所造成的漏氣率即為一定值且無法堵漏。理論上滲透所造成的漏氣率隨溫度下降而減少，例如從室溫降至 $-20°C$ 滲透率約降低 10 倍。因此要減少滲透的漏氣將真空系統的溫度降低為可行的途徑。

3.漏氣與放氣的關係

漏氣率小的真空分件或零件並不一定放氣率也小，例如用天然橡皮製成的 O 形圈襯墊亦可相當氣密，即漏氣率可很低，但其放氣率甚高故不宜使用。金屬的放氣率通常較低但電導引的金屬導線因其有抽製的紋路故有一定量的漏氣率。

6.3 真空系統的污染

　　真空系統即使為正常操作，仍有可能被污染。真空系統的污染可能由外部介入，但亦可能由內部產生，故操作真空系統時不但要防止外部介入的污染，而且要控制內部產生的污染。

6.3.1 外部介入的污染

　　從真空系統外部介入的污染包括由真空幫浦回流的油蒸氣，送入真空系統內的工作件上附著的污染，裝至真空系統的新零組件上可能殘留的清潔劑或工場加工的油，高蒸氣壓的材料，及高放氣率的物品等。外部介入的污染通常可以控制或避免，原則上只要送入或裝設在真空系統上的物品先經過清潔步驟則可避免其造成真空系統的污染。

6.3.2 內部產生的污染

　　真空系統內部產生的污染與真空系統的應用有關。若在真空系統內有化學反應則有可能產生固體生成物例如甲烷可分解產生碳粒子及氫。金屬機件與真空中殘留的氣體結合會產生氧化物，氮化物，氫化物等形成污染。在真空系統中有些製程如加熱蒸鍍，離子撞濺鍍膜，電子槍蒸鍍，電漿蒸鍍，或雷射蒸鍍等，其靶材料被蒸發或撞濺亦會造成污染。又真空系統中如有加熱燈絲，燈絲材料亦會或蒸發成為可能的污染。內部產生的污染通常不易控制或避免，而且一旦被嚴重污染時清潔亦甚困難，因此在設計真空製程時即應考慮污染的問題。原則上應設計真空系統內有可能被污染的機件可以折出清潔，或設計屏蔽使污染被屏蔽不致附在真空室內壁及視窗，真空計，或電導引的絕緣體上。此些屏蔽應可折出清潔。

6.4 清潔的方法

　　在真空系統外的清潔視被清潔物件的材質，構造而選用清潔的方法不同。一般金屬製品與非金屬製品的清潔方法有很大差異，故若物件包含有金屬與非金屬時應盡可能分開處理。

6.4.1 機械清潔法

機械清潔法包括手工擦拭，利用砂紙或砂布打磨，噴砂處理（sand blas-ting），機械拋光（polishing），手工具如銼刀，小砂輪，研磨機等加工處理。擦拭的紙或布均應用無毛頭（lint-free）的真空專用紙或布。打磨及拋光材料可用細玻璃珠，金鋼砂，矽砂，以及硬橡皮等。機械清潔法可用於金屬與非金屬，通常不用溶劑或清潔劑，故亦有稱為乾式清潔，但在實際操作時視情況亦可加少量的水。此種清潔方法對於微小精細的物品操作時應特別小心以免造成損壞[2]。

應注意不論用手工或機械清潔後的物品必須徹底將清潔下的污垢，打磨的粉屑等清除乾淨。用吹風機吹及壓縮空氣吹均可，但吹出的風必須為清潔乾燥的風，必要時可用熱風。為保證不會有極微小的粉末黏附在被清潔的物品上，可用蒸餾水或去離子純水清洗，洗後再予以吹乾或烘乾。

6.4.2 化學清潔法

一般用化學溶劑包括有機溶劑如酒精，丙酮，三氯乙烯，甲醇等，或酸鹼類均有用於不同的真空零組件的清潔。化學清潔法用浸泡，加熱（包括煮），沖洗，超音波清洗，或電解拋光等，視清洗物品的情況而定[3]。一般金屬製品與非金屬製品對化學溶劑的反應有很大差異，故若物件包含有金屬與非金屬時應盡可能分開處理，若金屬與非金屬部分無法分開時，則選擇清潔劑應考慮較中性的溶劑。各真空產品製造商均有其清潔劑配方，及其清潔程序，在此不予舉例，但應注意清潔完畢後絕對不能有任何微量殘餘的化學劑存留在被清洗的物品上。有些清潔過程最後確實十分潔淨且無任何微量殘餘的化學劑可被儀器偵測到，但因其化學溶劑在清洗過程中已擴散至物品材料的內部，當其用在超高真空中，此些殘餘化學劑分子會從材料的內部擴散至物品的表面而逸出，故可能影響真空度甚至製程品質。著者的經驗認為酸類化學溶劑尤以強酸在清潔過程中加高溫最有可能產生上述情況，故無論物品為金屬或非金屬除非不得已最好不用酸類化學溶劑。

---

[2] 燈絲，金屬網柵，小螺捲彈簧等不宜用機械清潔

[3] 超音波清洗及電解拋光對於微小精細的物品如燈絲，金屬網柵等可能造成損害，若必須使用此等處理方法應特別注意

在此提供一簡便有效的清潔方法，可適用於金屬與非金屬物品。即先以自來水加一般的清潔劑如廚房用的清洗液清洗，亦可用熱水以加強清洗效果。然後再以自來水浸泡或沖洗，接著用蒸餾水或純水清洗或煮，最後用熱風吹乾或乾後再予烘烤。若有不易洗淨的油污可先用丙酮清洗（陶瓷材料不宜），然後再進行上述的清潔過程。亦可先用前節所述的機械清潔法清潔後再進行上述的清潔過程。物品經此清洗過程後若不宜用熱風吹或加熱烘烤，可令其自然乾燥或用無水酒精噴灑可除水。

6.4.3 加熱清潔法

僅用加熱除污除非所加溫度很高，並非最有效的清潔方法，而且有些物品不適宜加高溫，故在真空系統外清潔真空零組件等物品多係在清潔過程完畢後再加熱烘烤或用熱風吹以除去殘留的清潔劑及水分。加熱烘烤如有真空爐則最佳，因為在真空中烘烤可確保物品清潔不會再污染。若用電燈泡，紅外線燈，或吹風機來加熱，則必須考慮物品附近的環境。因附近物體受熱會產生蒸氣或微粒，可能附著於已清潔的物品上再形成污染物。設計清潔物品的加熱支撐架為加熱清潔法的重點，物品的材質，形狀構造及需要加熱的溫度均為設計時考慮的因素。

真空系統的內部污染若被污染的機件不能折出清潔，常用的清潔方法為加熱清潔法。原則上若可能用手或工具伸入真空系統的內部清除污染，則於加熱烘烤前先進行人力除污。操作時必須戴專用手套，工具則應先予清潔才可使用，擦拭僅可用前述的無毛頭紙或布，唯一可用的溶劑為純酒精。

6.5 真空系統烘烤

真空系統烘烤分為局部烘烤（local baking）與整體烘烤（bulk baking）。原則上如有可能應採取整體烘烤。局部烘烤與整體烘烤對於真空系統的清潔及最後可達到的真空度如圖 6.11 所示。

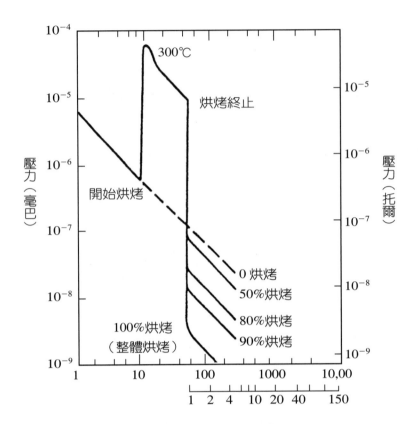

圖 6.11　系統烘烤對真空度的影響

6.5.1 局部烘烤

　　真空系統有某些部位不適宜加高溫，或真空系統無可供整體烘烤的設備，則僅能採用局部烘烤。烘烤的方法可用加熱帶（heating tape），紅外線燈，及射頻（RF）感應加熱，視欲烘烤位置的構造及材質而可作不同的選擇。實際上局部烘烤對消除污染效果並不佳，因被加熱蒸發的污染物會遷移至未被加熱的較冷部分而附著，故仍有部分的污染物未能消除。在抽真空時用來加速真空系統內部吸附的氣體的解附局部烘烤可有效，但仍不如整體烘烤，故僅被用於高真空以下的真空系統。

6.5.2 整體烘烤

　　整體烘烤係將整個真空系統均勻加熱，通常用一加熱罩將全部系統覆蓋加熱。有些超高真空儀器或設備即設計有整體烘烤的裝置故烘烤時不必另用加熱罩。整體烘烤不僅可烘烤除污，且可加速真空系統內部吸附的氣體的解附，加速抽真空使達到更低的最終壓力。

　　烘烤的溫度在早期多用 400 至 450℃，因過去常用擴散幫浦，擴散幫浦的油氣污染必須加熱至此高溫始能有效清除。近年來因科技進步已可消除擴散幫浦的油氣回流至極低程度，或可用其他幫浦取代擴散幫浦，故烘烤的溫度已降低至 300℃。

Chapter 7

真空製程

7.1 常用的真空製程

在第一章中己經介紹過真空應用的範圍包括真空製程。真空製程的範圍甚廣，顯然不同真空製程所用的真空系統也不一定相同。本章限於各真空製程的專業性，無法作通盤性討論，以下將選擇四類用途最廣的真空製程作一般性的介紹。

7.1.1 除氣及乾燥製程

除氣及乾燥製程（outgassing and drying process）比較偏向與民生有關的工業用途，如食品乾燥，材料的除氣或脫水乾燥，生醫樣品的脫水或冷凍乾燥等。

1. 製程的特徵

(1)必須處理大量的氣體，水蒸氣或有機物蒸氣

被處理的物質中含有大量的氣體，水或高蒸氣壓的有機物。

(2)製程溫度有限制

被處理的物質的形狀構造甚至於生命常限制其處理的溫度，有時僅可低溫加加熱，有時則完全不能加熱，甚至還要冷凍。

(3)設計重點為真空幫浦僅用作維持抽系統中的空氣或氣體

真空幫浦並不用來抽水蒸氣或有機物蒸氣，故幫浦不須承受很大的負荷。若僅為除氣，其操作真空範圍可達高真空甚至超高真空，且可選擇任何排氣式幫浦組合。

2. 真空幫浦及輔助系統

如上述幫浦的設計重點為僅抽空氣或氣體，製程中所釋出的水蒸氣或有機物蒸氣在進入真空幫浦之前即予冷凝成液體排出，故實際上被抽入真空幫浦的水蒸氣或有機物蒸氣很少。除氣及乾燥製程大多數操作在粗略真空至中度真空範圍，故真空幫浦可選擇迴轉幫浦，除氣時如有必要亦可加一路持幫浦（Roots pump）。在高真空以上的除氣通常因所需除氣的工作件放氣率並不大，故擴散幫浦或渦輪分子幫浦均足以負擔。

(1)水環幫浦（water ring pump）及蒸氣噴流幫浦（vapour ejector pump）

水環幫浦[1] 為一種浦迴轉幫浦，其轉子軸係與靜子軸偏心。轉子由彎

曲的葉片（blade）組成，在未操作時轉子與靜子間充水至半滿。當轉子偏心旋轉時形成旋轉的水環，此水環旋轉至轉子與靜子的最狹空間而充滿其間，當轉子繼續轉動時水被抽出。氣體在水被抽出真空室時被吸入，而在再次充滿水時被壓縮最後排出。吸氣及排氣係由控制盤（control disc）上的吸氣槽及排氣槽進行。水環幫浦的操作壓力範圍從一大氣壓至水的蒸氣壓，如室溫 25℃ 時約為 32 毫巴。水環幫浦用於抽水蒸氣頗有效，水不旦可作轉子與靜子間的氣密襯墊，並有冷卻功效使水蒸氣冷凝。水環幫浦的構造示意圖如圖 7.1 所示。

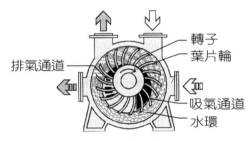

排氣通道

轉子
葉片輪

吸氣通道
水環

圖 7.1　水環幫浦的構造

　　蒸氣噴流幫浦已在第三章中作介紹，因其係利用水蒸氣噴流抽真空，故可用於抽水蒸氣。但因用水蒸氣消耗功率頗大而效率不高，故現已少應用。

　　以上所述的真空幫浦主要用水及水蒸氣抽真空，故使用時無須另加冷凝器以冷凝水蒸氣。

(2)迴轉滑翼幫浦加冷凝器

　　迴轉滑翼幫浦或同類型迴轉幫浦用於抽水蒸氣或有機物蒸氣為現在常用的真空幫浦，水蒸氣或有機物蒸氣在未達幫浦前即以冷凝器將其凝結成液體而收集或排出。冷凝器管路係設為一旁路（by path）與抽氣管路並聯，幫浦均配有空氣混抽裝置（air ballast device），因可能尚有少量蒸氣未被冷凝而被抽至幫浦中，故可利用空氣混抽法將未被冷凝器冷凝的剩餘

---

1 水環幫浦因用途較有限制，在第三章中未作介紹，故在此補作介紹

水蒸氣或有機物蒸氣抽除。

(3)冷凍乾燥（freeze drying）

生醫樣品如血漿，生物樣品，皮膚等的脫水及乾燥必須保持其結構，或有些食品或原料必須保持其原味如咖啡精，濃縮香精等，除用上述的真空乾燥尚須另加輔助設備，即所謂的冷凍乾燥。冷凍乾燥的原理為將含水的物品冷凍至冰點，其中水分均已凍結成冰，然後於真空中使冰直接昇華成水蒸氣而被幫浦抽氣系統排出。其輔助設備為可使工作件冷凍的冷凍機。但冰要昇華成水蒸氣又需要供給足夠的能量，即昇華熱，故冷凍的工作件又要加熱但仍須維持其水分為固體冰的形態。一般提供此昇華熱的方法可另用紅外線加熱，亦有些冷凍乾燥設備的設計可利用冷凍機所排出的熱提供昇華熱。此輔助設備的重點為必須嚴格控制工作件的溫度。

7.1.2 產生氣體或固體粒子的製程

有些化學反應會產生氣體或固體粒子，利用化學反應的製程應考慮連續或瞬間產生的氣體及固體生成物。化學反應可能為吸熱或放熱反應，故常涉及溫度的變化。

1. 製程的特徵

真空系統要能抽大量的氣體，可能有溫度的變化。操作時很多製程係放入氣體，利用氣體與氣體反應，氣體與固體反應，亦有加高電場，利用電子撞擊，離子碰撞，及電漿反應等。反應生成物會產生氣體或固體粒子，且可能有污染性或腐蝕性。

真空系統的複雜性高，真空室，真空分件，管路，及真空幫浦等均應考慮被污染的可能，最後排出的氣體應作污染防治。

2. 真空幫浦及輔助系統

製程中有化學反應的真空系統其真空度可包含由粗略真空至高真空的範圍。若為高科技精密製程則真空系統要求的最終壓力（ultimate pressure）或底壓（base pressure）多選擇在高真空甚至超高真空範圍。若製程產生污染性或腐蝕性氣體或固體粒子，則幫浦的排氣應有防治污染的設備如過濾器及處

理槽等。至於幫浦則應選擇可抗腐蝕的幫浦,或作定期清潔維護的工作。

(1)粗略至中度真空範圍

　　　以乾式幫浦或迴轉滑翼幫浦為主,亦可加路持幫浦。

(2)高真空範圍

　　　以擴散幫浦為主,若用渦輪分子幫浦則應注意幫浦中葉片受污染問題。有些製程並加液態氮冷凝器輔助設備可將釋放的有機氣體冷凝。

7.1.3 清潔製程

清潔製程視其工作目的可選擇的不同的真空範圍。例如物質純化,鍍膜,冶金,晶體化,以及蝕刻等均需要清潔的環境,但因製程的性質不同,要求的真空度亦不同。

1. 製程的特徵

　　製程的特徵即為清潔,視製程的性質不同要求的清潔亦不盡相同。例如有些製程要求的清潔包括某些氣體亦被認為污染,故製程中即使此些氣體亦不應存在。

2. 真空幫浦及輔助系統

　　清潔的要求程度不同可選擇真空幫浦的限制亦不同。例如一般的材料純化製程要求的清潔可容忍微量的油蒸氣,其粗略真空可用迴轉滑翼幫浦加油蒸氣濾除裝置,而表面分析儀器的要求則很嚴格不能有蒸氣甚至氣體污染物,故其粗略真空常用吸附幫浦。

(1)粗略至中度真空範圍

　　　多級吸附幫浦,乾式幫浦,迴轉滑翼幫浦加油蒸氣濾除裝置或路持幫浦[2]。

(2)高真空至超高真空範圍

　　　撞濺離子幫浦,冷凍幫浦,渦輪分子幫浦,擴散幫浦加冷卻阻擋及液態氮冷凝陷阱等[3]。

---

[2] 若考慮真空幫浦的振動,則僅能選擇多級吸附幫浦

[3] 若考慮真空幫浦的振動,則僅能選擇撞濺離子幫浦

7.1.4 高溫製程

高溫製程係在真空中利用高溫來工作，常稱的高溫多在約 800℃以上。通常高溫製程應包含利用高溫時整個真空系統均溫度甚高，及真空系統中僅有局部發生高溫，整個真空系統的溫度並不高兩種。此處所討論的高溫製程僅指前者，因後者對於真空系統及其真空幫浦等並無特別考慮，僅於局部發生高溫附近需作熱屏障或冷卻。

1. 製程的特徵

高溫製程不僅有高溫而且製程亦常有氣體產生，故抽大量的熱氣為其特徵之一。產生高溫的方法及裝置常用電阻加熱，射頻感應加熱，電漿加熱，電子加熱，或雷射加熱等，視製程的設計而定。如上述利用高溫時整個真空系統均溫度甚高，故製程中所用的機件及襯墊等要用耐高溫材料。有些高溫製程中亦可能產生固體粒子或飛灰，故應注意污染問題。

2. 真空幫浦及輔助系統

原則上以排氣式幫浦為合適，若抽出氣體溫度太高，應先予冷卻，或將幫浦冷卻。主要輔助系統為冷卻系統，通常真空系統的外部以及視窗，門及真空計等處均可用冷卻以避免其襯墊受高熱變質。

(1)粗略至中度真空範圍

迴轉滑翼幫浦加路持幫浦。

(2)高真空範圍

擴散幫浦，渦輪分子幫浦。

7.2 高科技真空製程

所謂高科技係因時代的改變而不同，在早年對人類有貢獻的科技例如電的發明創造人類生活的新紀元，而電子的存在係利用真空技術獲得證明。電子的應用在當時即為高科技，而利用電子的必要技術首推真空技術。真空熱絕緣可以用來長時間保溫，尤其維持低溫如液態氫，液態氦的溫度，才能使很多科學研究在低溫下進行。真空二極管的發明使人類進入電子及無線電通訊的新環境。

高真空及超高真空將科技研究與工業推展到微電子時代。此外利用真空的技術可以觀測物質從微量到超微量，從整體到表面甚至個別原子分子。故真空技術不論在何時代均為當時對高科技的必要技術。以下將介紹近年來應用真空技術的最熱門高科技。

7.2.1 真空鍍膜

真空鍍膜（film coating）技術可用於鍍光學膜（optical film），導電膜（electric conductive film），介電膜（dielectric film），絕緣膜（insulating film），晶體膜（crystalline film），半導體膜（semiconductive film），或超導體膜（superconductive film），甚至生物膜（biological film）。高科技工業產品如微電子（microelectron）元件，光電（opto-electron）元件，或奈米（nano）元件等多需要鍍膜製程，因為要達到符合高科技要求的品質，真空鍍膜幾乎為唯一的方法，故真空鍍膜技術為高科技工業的關鍵技術。

常用的鍍膜製程包括如加熱蒸鍍（thermal evapouration coating），電子蒸鍍（electron coating），撞濺離子鍍（ion sputtering coating），電漿蒸鍍（plasma coating）等，其需要真空的環境則視產品的種類而不同。因為真空鍍膜技術用途最廣，故將於下節作介紹。

7.2.2 離子布置

離子布置（ion implantation）技術係利用離子布置機（ion implantator）將半導體元件製程中所需的雜質以離子布置手段植入半導體晶元中，如超大型積體電路（VLSI）等的製程即為常用此技術。離子布置用來作表面修飾（surface modification）將離子植入表層以改變材料表面的性質如晶體結構，化學性質等，其結果可達到抗蝕，耐磨，不受化學劑作用，減低磨擦係數，以及改變電性質如電阻等。離子布置不同於鍍膜在於其材料整體尺寸並不改變，即材料表面上並未增加一或多層其他材料薄膜。

7.2.3 真空磊晶

真空磊晶（epitaxy）技術為將一種礦物晶體長在另一種礦物晶面上，而使晶體基板上兩種礦物晶體的構造排列相同，此技術可用於電子及光電元件的生產。磊晶需要高度潔淨的環境，利用真空才能達到此條件。例如分子束磊晶（molecular beam epitaxy 簡稱 MBE），或 II-IV 族半導體分子束磊晶等均屬真空磊晶技術。

7.2.4 分子束

分子束（molecular beam）應用的範圍很廣，上述的分子束磊晶即為一例。分子束為中性的自由分子具有一定的能量，故必須在真空中進行。

7.2.5 電子束

電子束（electron beam）應用的範圍很廣，例如電子鍍膜，電子焊接，電子加工，或電子束平版印刷術（e-beam lithography）等。

7.2.6 生物樣品

生物樣品（biological sample）中的生物分子（biomolecule）的特性及辯識利用質譜儀（mass spectrometer）作分析，利用反向散射電子顯微鏡（back-scattering electron microscope）攝取生物樣品的顯微影像等均與真空技術有關。

7.2.7 離子刻蝕

離子刻蝕（ion etching）利用聚焦及掃瞄技術而作離子加工者常歸類在下述的微精密加工。利用大面積的離子束而作細微圖形的刻蝕，例如微機電 MEMS（micro-electro-mechanical system）利用深層反應刻蝕 DRIE（deep reactive ion etching）製作微機電裝置，或反應刻蝕作磁性物質薄膜的刻蝕等。

7.2.8 微精密加工

微精密加工（micro-machining）係利用聚焦及掃瞄技術而作離子加工例如將基板上的金屬如銅，以不同的像素（pixel）空間進行離子刻蝕加工。在矽基板上

利用電漿刻蝕（plasma etching）的微精密加工，製作積成感測器（integrated sensor），利用離子束在基板上的磊晶層作微精密加工製作電子元件等。

7.2.9 超導體

超導體（superconductor）為電阻等於零的材料，通常所用的超導體均須在液態氦溫度 4.2 K 下操作。所謂高溫超導為一種材料可在高於液態氦溫度 4.2 K 下操作而具有超導性質的材料。高溫超導薄膜利用離子撞濺在超高真空中磊晶成長為高臨界溫度（critical temperature）（例如 90 K）的超導氧化膜。

7.2.10 顯示器

用作顯示器的 LED，LCD，TFT/LCD，以及 CRT 其導電玻璃，介電薄膜，導電膜等的製作均需要在真空中進行。有些顯示器如傳統的陰極射線管電視（CRT TV），電漿電視（Plasma TV）等其中有電子發射，故必需高真空。

7.2.11 綜合結論

由上述諸例可見很多高科技產品的製程需要利用真空技術，或者其產品必須保持適度的真空，故對於生產高科技產品的工業以及其研究發展，真空技術為不可或缺的關鍵技術。但各種高料技產品日新月異，所用真空技術的要求也會隨時間變化，以上所介紹者僅說明各製程需要真空技術，至於各製程應用真空技術的實例則因限於本書的範圍均未能介紹。以下將選擇真空技術用於鍍膜為例作一較完整的介紹以供參考。

7.3 鍍膜技術簡介

鍍膜為一通用的名詞，遠在真空鍍膜技術尚未普遍化之前，鍍膜以電鍍及化學積沉鍍為主要的方法。真空鍍膜在高科技範圍的應用已於上節介紹，以下將就薄膜技術及其製程設備簡單介紹。

7.3.1 鍍裝飾薄膜

鍍裝飾薄膜（decorative film coating）為一般傳統工業上的重要生產製程，此類薄膜厚度約在 0.3 至 2.0 微米間。裝飾薄膜具抗腐蝕，抗化學藥劑，附著力強，及光彩等特徵。

1. 裝飾薄膜種類

無論大型物品如建築用窗，門，柱，及樑等，或小型物品如戒指，耳環，及別針等鍍裝飾膜以達美觀，防鏽，及耐久為提高品質及附加價值的重要技術。以下介紹三種不同色彩的裝飾薄。

(1)金色氮化鈦（TiN）膜

氮化鈦為硬度很高的材料，其硬度可與碳化鎢（WC）相當。氮化鈦具有黃金的色彩，鍍在物品上可代替黃金製物品，而其又耐磨不易損壞。氮化鈦膜除在裝飾品在因其具有高硬度，在工業上應用甚廣，如鍍在工具，零件，軸承等。

(2)黑色硬石墨膜

石墨的不同晶體結構其物理性質各異，將石墨以鍍膜方法鍍石墨膜在物品上控制其溫度可得黑色硬石墨膜。物品上鍍石墨膜可耐磨且摩擦係數很低。

(3)灰色膜及金屬色彩氮化鉻（CrN）膜

不同金屬氧化物或氮化物膜可能顯現不同種色彩，膜的厚度亦為影響色彩的因素，氮化鉻可呈現黑色或籃色膜。

2. 鍍膜的方法

直接薄膜材料用加熱蒸鍍包括電阻加熱及電子槍加熱蒸鍍，離子撞濺鍍（ion sputtering coating）或利用反應蒸鍍（reactive coating）將真空系統中通入氣體如氮氣而使其與蒸發的金屬蒸氣作用形成所需的薄膜，例如鍍氮化鈦膜在物品上即可用此反應蒸鍍方法。

7.3.2 鍍金屬保護膜

鍍金屬保護膜（metallic protective film coating）主要在物品表面上鍍一或多層金屬膜，用作取代電鍍或化學鍍的各種保護膜。此類膜附著力強，亦可具抗腐蝕，抗化學藥劑，及光彩等特徵。若所用鍍膜材料為硬度高的金屬，則此保護膜亦為耐磨膜。

1. 保護膜種類

此類膜包括較軟金屬如金，銀，鋁，銅等用作裝飾，抗蝕，鏡面等金屬膜。硬度高的金屬膜包括金屬如鈦，鉻，鎳等及其合金膜，耐磨膜的厚度約在 0.1 至 2.0 微米間視用途而定。

7.3.3 鍍光學薄膜

鍍光學薄膜（optical thin film coating）為光學及光電工業上的重要技術。光學薄膜用作光學及光電儀器各類元件包括透鏡，稜鏡，反射鏡，分光鏡，穿透鏡片，濾光片，窗等所鍍的單層或多層膜（multilayer film），所鍍的光學薄膜有下列幾種：

1. 鍍反射膜

鍍膜技術的應用最常見者為反射膜（reflecting film），被鍍上反射膜的物品常稱為鏡（mirror）。入射的光經反射後會有頗多的損失，入射光與反射光強度的比稱為反射率（reflectivity），一般生活上用的平面鏡事實上因為只要求影像清楚，通常並不要求高反射率。但在光學鏡的要求則不同，因為在光學系統中例如利用反射使光線轉變方向，若反射率不高則光信號經過多次反射後將變為光強度很低而難以準確測定。因此光學鏡鍍反射膜常用多層膜（multilayer film）而提高其反射率。多層膜為以兩種不同折射率（reflective index）的材料，一般多為介電材料（dielectric material）或金屬氧化物，氟化物等，交互重疊鍍在物品上。每層的厚度依所要求的波長來決定，而層數則由要求的反射率決定。例如在雷射共振腔（resonance cavity）所用的反射鏡要求反射率達 99.3%以上，其反射膜多為二十層以上的多層膜。

2.鍍抗反射膜

抗反射膜（anti-reflection film, AR film）被鍍物品上主要減少反射的光而使入射光盡量穿透。在光學及光電儀器的元件上鍍抗反射膜可減少元件對入射光的反射所造成光強度的減弱，以免光經過光學系統後光強度降低。抗反射膜與反射膜不同之處除膜的材料選擇不同的折射率外，膜的厚度配合入射光的波長亦有不同的設計。相同地，鍍多層膜可以提高光的穿透率（transmittance）。儀器用的光學元件如透鏡，稜鏡，濾光片，分光鏡，及窗等視其用途要求而鍍的多層膜的層數亦有不少的選擇，要求高的穿透率達99%以上者其層數可高達百層以上。一般眼鏡用亦鍍有抗反射膜，但並不要求很高的穿透率，故通常僅用三層膜即可。

3.鍍濾光膜及干涉膜

濾光膜（filter）及干涉膜（interference film）多用來作波長的選擇。濾光膜基本上為吸收膜，係利用膜材料對某一特定波長的光為不吸收而將其他波長的光吸收的光學薄膜。干涉膜則係利用干涉原理使對某一特定波長的光產生建設性干涉（constructive interference）而加強，但對其他波長的光則產生毀滅性干涉（destructive interference）而消失，如此可選擇某一特定波長的光。濾光膜較為簡單，因其選擇的光波寬均很大，但干涉膜則要求波寬較窄，故常需鍍多層膜以達其要求規格。

4.鍍光學保護膜

光學元件所鍍的各類薄膜有些材料質軟易於磨損，故一般多在其上加鍍一層保護膜。常用的光學保護膜（optical protection film）多為二氧化矽（SiO_2），可用直接蒸鍍或濺鍍，但因其熔點甚高，一般的蒸鍍源均無法將此材料蒸鍍。用一氧化矽反應蒸鍍將易於蒸發的一氧化矽蒸發而在含氧的氣氛下反應氧化成二氧化矽薄膜鍍在物品上為常用的技術，此法要求精確控制氧氣的含量，才能得到100%的二氧化矽薄膜。

7.3.4 鍍電子及光電薄膜

鍍電子及光電薄膜（electron and electro-optical thin film coating）為高科技中

重要的技術。實用的範圍很廣，以下謹摘要介紹：

1. 鍍電子膜

電子膜為一統稱，即應用於電，微電子等的相關零組件的薄膜。

(1)電子元件

包括電阻，電容，開關，控制器，導電玻璃，加熱體，抗電磁波膜，傳輸器，接收器，偵測器，以及半導體元件等。

(2)資訊貯存

包括磁碟，光碟等貯存資訊媒體。

2. 鍍光電薄膜

光電膜係指可將光轉換為電的薄膜，及可發光的薄膜等。

(1)太陽能轉換器

包括大型太陽能板及小型太陽電池。

(2)發光元件

包括電（子）發光，熱發光，螢光等誘導發光元件。

7.3.5 真空鍍膜所需的設備

1. 高真空系統

蒸鍍所需的真空系統至少應為高真空系統，真空度愈高[4]則生產的成品愈佳。

(1)真空室

真空室內應可按裝蒸鍍源，膜厚監視器，流率控制的進氣系統，真空計，可旋轉樣品支撐裝置，樣品取放裝置（門），視窗，樣品溫度監控器，樣品表面清潔裝置等。圖 7.2 為一簡單的真空鍍膜系統的真空室示意圖。

(2)抽真空系統

鍍膜設備的抽真空系統可包括粗略真空系統及高真空系統。其選用的

---

[4] 通常指真空系統的最終壓力

幫浦視所用鍍膜的方法不同可能不同。真空系統通盤性的敘述在本書相關章節均有介紹故不再重複。

(3)冷卻系統

包括基板冷卻系統及蒸鍍源冷卻系統，均為水冷卻式。

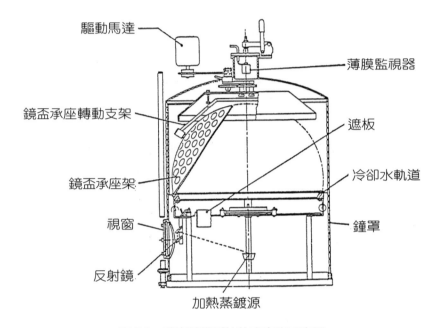

圖 7.2　真空鍍膜系統的真空室示意圖

(4)真空壓力與氣體流量控制系統（pressure and gas flow control system）

真空壓力的量測包括有粗略真空及高真空真空計。鍍膜製程需要放入氣體者，應配備流率控制的進氣系統。進氣的流量通常用真空計測定壓力配合進氣的流率作控制。

2.輝光放電系統

輝光放電系統（glow discharge system）利用射頻（RF）電壓或直流高電壓產生輝光放電，使離子撞擊基板表面將污染物分離被幫浦抽除而清潔基板。輝光放電作基板及其支架等的清潔均甚有效，但其操作必須在較高的壓力下進行，因必須有足夠的氣體分子密度才會產生輝光放電。

3.蒸鍍源

蒸鍍源（evapouration source）包括有以下各種：

(1)加熱蒸鍍源（thermal evapouration source）

(A)電阻加熱（resistance heating）

利用電流通過金屬或半導體，籍其電阻發熱而將蒸鍍材料蒸發。常用的電阻加熱蒸鍍源如圖 7.3 所示。

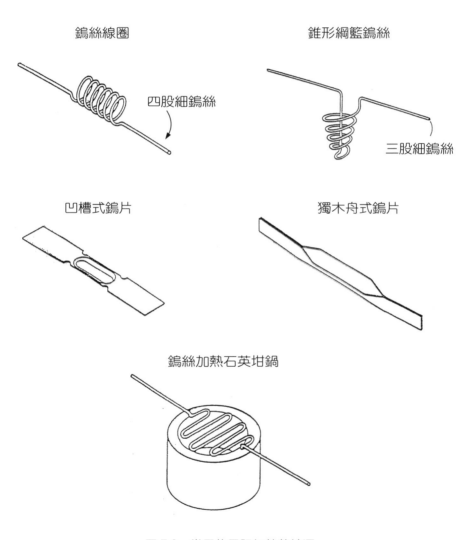

圖 7.3　常用的電阻加熱蒸鍍源

(a)鎢絲（tungsten filament）常用者有鎢絲線圈（tungsten coil filament）及鎢絲錐形網籃（tungsten conical basket filament）。

(b)船形鎢片加熱源（tungsten boat）常用者有獨木舟形（canoe type）及凹槽式（dimple type）。

(B)感應加熱蒸鍍源（induction heating evapouration source）

一般多用射頻電源的高週波電感應加熱（high frequency electric heating），其構造示意圖如圖 7.4 所示。

(2)電子束加熱蒸鍍源（electron beam evapouration source）

利用高能量電子聚焦成高能量密度（energy density）的電子束，打在蒸鍍材料俗稱靶材（target）上，造成局部甚高的溫度而使材料熔化蒸發。靶材通常裝在一坩鍋中，坩鍋用銅製成，其內部有循環的冷卻水以保持銅的溫度在其熔點之下。依電子束聚焦的方向可分為：

(A)180 度電子束蒸鍍源（180° e beam evapouration source）

利用磁場偏轉使電子束發射的方向與打到靶材的方向成 180°

(B)270 度電子束蒸鍍源（270° e beam evapouration source）

利用磁場偏轉使電子束發射的方向與打到靶材的方向成 270°

利用電子束蒸鍍源加熱及以石英晶片振盪式膜厚監視器作現場監控膜厚的真空蒸鍍系統如圖 7.7 所示。

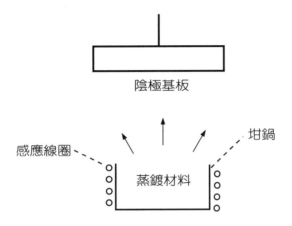

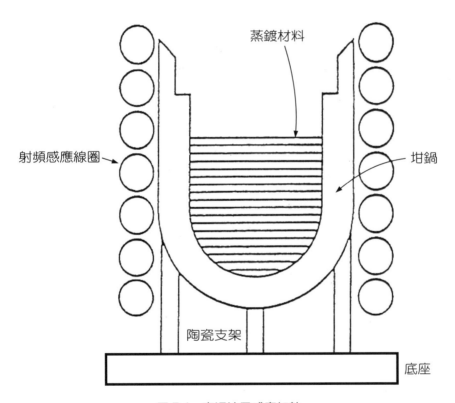

圖 7.4　高週波電感應加熱

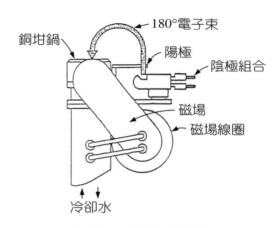

圖 7.5　180°電子束蒸鍍源

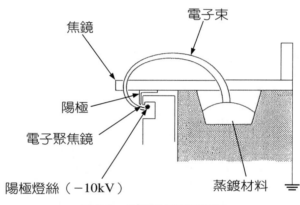

圖 7.6　270°電子束蒸鍍源

(3)離子撞濺鍍膜源（ion sputtering coating source）

利用離子撞濺技術將靶材濺射出鍍在物品或基板上統稱為離子撞濺鍍膜。離子撞濺鍍膜不涉及高溫，靶材並不蒸發，故不應稱為蒸鍍。濺射出的靶材可為中性原子或離子，被鍍物品若為非金屬則有電荷累積的效應，因此離子撞濺鍍膜源視用途即有各種不同的設計。又因濺射出的原子或離子亦帶有能量，故可能使被鍍物品的溫度提高，在有些應用情形基板尚需冷卻以保持鍍上膜的晶體結構。

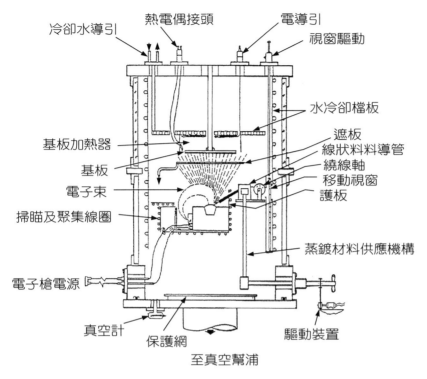

圖 7.7 電子束加熱蒸鍍源系統

(A)直流離子撞濺（D. C. sputtering）

　　直接用離子槍（ion gun）射出離子至靶表面上將其原子撞濺出而鍍膜在靶附近的基板上，即為直流撞濺。通常離子槍出口設為正極，而靶為負極或接地零電位，如此即形成直流電場。

(B)磁控管式撞濺（magnetron type sputtering）

　　直流離子撞濺因離子的產生隨離子源的真空度而定，若壓力太低則產生離子的量太少，故鍍膜的時間很長。磁控管式撞濺的原理與撞濺離子幫浦相同，磁場可增加空間電子的生命期，故可增加離子的產生，鍍膜的時間因此可以減短。磁控管式撞濺系統如圖 7.8 所示。

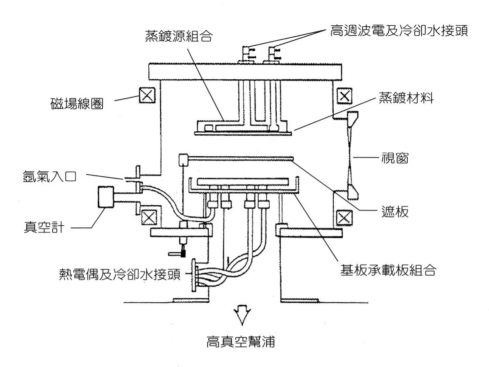

圖 7.8 磁控管式撞濺系統

(C)空心陰極離子源撞濺（hollow cathode ion gun sputtering）

直流離子撞濺鍍膜的離子源最大的問題為離子電流不夠大，故鍍膜時間較長。離子槍的設計配合實際的需要有多種不同的型式，在此僅舉一例以作為參考。空心陰極離子源為用一空心圓柱體式的陰極如圖 7.9 所示。其優點為離子電流大，而且亦可有較大斷面的離子束，故對於大型物品的撞濺鍍膜頗為適合。

(D)電漿離子撞濺（plasma ion sputtering）

利用兩電極間產生電漿，可為直流電漿或交流（射頻）電漿，靶在電漿中被離子撞濺而使被濺射的原子在待鍍膜的基板或物品上形成膜。以上所述的離子撞濺鍍膜均可歸類在電漿離子撞濺鍍膜。商品有各種不同的設計包括電極，靶及待鍍膜的基板或物品的位置及形狀等，本書限於篇幅故不作介紹。

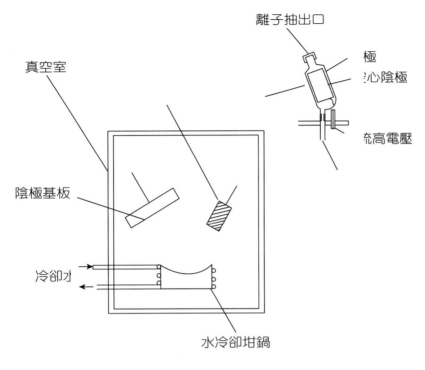

圖 7.9　空心陰極離子源

4.基板溫度控製器

基板溫度控製器（substrate temperature controller）包括有溫度計及冷卻水控製器。有些製程要求基板加熱，故溫度控製系統亦可包括有基板加熱裝置。

5.膜厚監視器

膜厚監視器（thickness monitor）可為現場監視及場外測定兩類，原則上場外測定係用作對現場監視器的校正用。而製程控製則由現場監視器監控。

(1)石英晶片振盪式膜厚監視器（quartz crystal thickness monitor）

石英晶片的振動頻率先經測定，然後置於鍍膜的真空室內適當的位置如圖 7.10 中所示的膜厚監測位置。鍍膜時石英晶片的振動頻率隨其上被鍍的材料厚度而變化，即可用以控製鍍膜的厚度。

(2)光學式膜厚監視器（optical thickness monitor）

光學式膜厚監視器主要係利用光射在一玻璃試片上，測定穿透該試片光強度的變化以決定所鍍膜的厚度。圖 7.10 為一光學式膜厚監視器的實例。

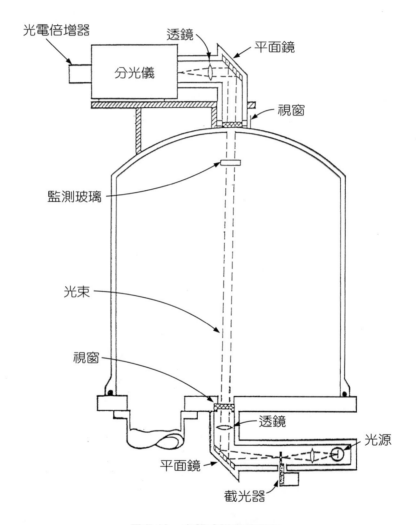

圖 7.10　光學式膜厚監視器

(3)橢圓偏光計（ellipsometer）

橢圓偏光計可用作現場監視及場外測定膜厚，一般因其價格較貴且操作維護較複雜，故多用在場外測定。橢圓偏光計的構造示意圖如圖 7.11 所

示，從光源射出的光束經由一準直鏡（collimating lens）形成平行光束，再經偏振鼓（polarizer drum）的偏振稜鏡（polarizer prism）形成線性極化光（linearly polarized light）。然後經過一 1/4 波長板（quarter wave plate）的補償器（compensator）而形成橢圓極化光（elliptically polarized light）。此極化光射至鍍膜的樣品上經反射後成為線性極化光，再經一分析鼓（analyzer drum）的分析稜鏡及濾光鏡分析後被一偵測器偵測。比較樣品與一標準片即可決定所鍍的膜厚。

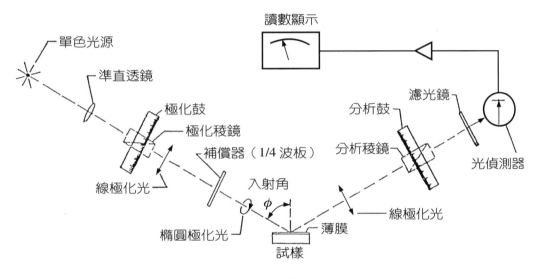

圖 7.11　橢圓偏光計

索　引

A

C

D

E

F

Ｈ

Q

R

T

國家圖書館出版品預行編目資料

真空技術精華／蘇青森著. -- 初版. -- 臺北
市：五南圖書出版股份有限公司, 2003[民
92]
面；　公分
ISBN 978-957-11-3478-9（平裝）

1.真空技術

446.735　　　　　　　　92021536

5B91

眞空技術精華
Vacuum Technology

作　　者 ― 蘇青森

發 行 人 ― 楊榮川

總 經 理 ― 楊士清

總 編 輯 ― 楊秀麗

副總編輯 ― 王正華

責任編輯 ― 張維文

出 版 者 ― 五南圖書出版股份有限公司

地　　址：106台北市大安區和平東路二段339號4樓

電　　話：(02)2705-5066　　傳　真：(02)2706-6100

網　　址：https://www.wunan.com.tw

電子郵件：wunan@wunan.com.tw

劃撥帳號：01068953

戶　　名：五南圖書出版股份有限公司

法律顧問　林勝安律師事務所　林勝安律師

出版日期　2004年1月初版一刷
　　　　　2023年1月初版九刷

定　　價　新臺幣340元

經典永恆・名著常在

五十週年的獻禮 —— 經典名著文庫

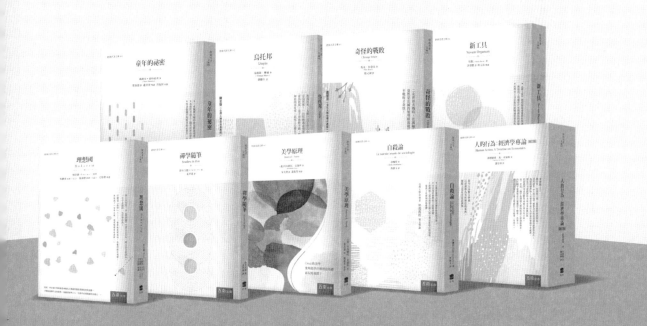

五南，五十年了，半個世紀，人生旅程的一大半，走過來了。

思索著，邁向百年的未來歷程，能為知識界、文化學術界作些什麼？

在速食文化的生態下，有什麼值得讓人雋永品味的？

歷代經典・當今名著，經過時間的洗禮，千錘百鍊，流傳至今，光芒耀人；

不僅使我們能領悟前人的智慧，同時也增深加廣我們思考的深度與視野。

我們決心投入巨資，有計畫的系統梳選，成立「經典名著文庫」，

希望收入古今中外思想性的、充滿睿智與獨見的經典、名著。

這是一項理想性的、永續性的巨大出版工程。

不在意讀者的眾寡，只考慮它的學術價值，力求完整展現先哲思想的軌跡；

為知識界開啟一片智慧之窗，營造一座百花綻放的世界文明公園，

任君遨遊、取菁吸蜜、嘉惠學子！